Über die Herstellung und physikalischen Eigenschaften der Celluloseacetate

Von

Dr. Victor E. Yarsley
M. Sc. A. I. C.

Mit 4 Textabbildungen

Berlin
Verlag von Julius Springer
1927

Alle Rechte, insbesondere das der Übersetzung
in fremde Sprachen, vorbehalten.

ISBN-13: 978-3-642-98128-9   e-ISBN-13: 978-3-642-98939-1
DOI: 10.1007/978-3-642-98939-1
Softcover reprint of the hardcover 1st edition 1927

Vorwort.

Die vorliegende Arbeit wurde in der Zeit vom Oktober 1925 bis Frühjahr 1927 im Technisch-Chemischen Laboratorium der Eidgenössischen Technischen Hochschule Zürich ausgeführt.

Es ist mir eine angenehme Pflicht, an dieser Stelle meinem verehrten Lehrer, Herrn Prof. Dr. H. E. Fierz, meinen aufrichtigen und bleibenden Dank auszusprechen für das große Interesse, welches er mir stets bewiesen sowie auch für seinen Beistand, den er mir im Verlauf meiner Arbeit in so reichem Maße zuteil werden ließ.

An dieser Stelle möchte ich dem ,,Salters Institute of Industrial Chemistry", London, für eine ,,Fellowship" herzlich danken.

Zürich, im März 1927.

Victor E. Yarsley.

Inhaltsverzeichnis.

	Seite
Einleitung	1
I. Kollodiumseide	1
II. Das Kupferoxyd-Ammoniakverfahren	4
III. Das Viscoseseideverfahren	4
IV. Das Acetatseideverfahren	5
Allgemeiner Teil	8
I. Diskussion der im experimentellen Teil besprochenen Ergebnisse	15
II. Eigenschaften der Cellulose-Acetatlösungen	17
III. Zusammenfassung	17
Praktischer Teil	20
A. Experimentelle Untersuchung	20
I. Die Darstellung der primären Acetate	20
II. Die Darstellung der sekundären Acetate	22
B. Untersuchungen im Halbgroßen	23
I. Die Darstellung der primären Acetate	23
II. Die Darstellung der Sekundäracetate	26
III. Eigenschaften der sekundären Acetate	28
IV. Bestimmung des Essigsäuregehaltes	29
V. Bestimmung der gebundenen Schwefelsäure	29
VI. Die Darstellung von Cellulose-Acetatlösungen in Aceton	30
VII. Bestimmung der Viscosität	31
VIII. Veränderung der Viscosität in Lösungen von Celluloseacetat	36
IX. Die Viscosität als Kontrolle der Verseifung	37
Literaturverzeichnis	38
Anhang:	39
Zusammenfassung der Patentliteratur	39
Zusammenfassung der Literatur	45

Einleitung.

Die steigenden Seidenpreise reizten seit langer Zeit die Erfinder, diese kostbarste Faser künstlich nachzuahmen. Von den vielen Verfahren, welche im Laufe der Zeit bekanntgeworden sind, haben sich nur jene behauptet, bei denen Cellulose das Ausgangsprodukt ist. Das große Problem der Kunstseidenindustrie ist demnach, Cellulose oder celluloseähnliche Materialien in Lösung zu bringen und durch geeignete Spinnöffnungen in feine Fäden auszupressen. Die Herstellung der Lösung und die Fällung, d. h. die Erzeugung einer Faser, kann auf die verschiedensten Arten erzielt werden, und die Produkte heißen, je nach der Darstellungsmethode: Kollodiumseide, Kupferammoniakseide, Viscoseseide oder Acetatseide. Alle andern Verfahren, wie beispielsweise das Salzsäureverfahren Willstätters, scheitern an den technischen Schwierigkeiten.

Bevor ich auf die Versuche eingehe, welche ich unternommen habe, möchte ich in wenigen Worten die Prinzipien der verschiedenen Kunstseidedarstellungsmethoden erläutern:

I. Kollodiumseide (Chardonnet-Seide).

Kollodiumseide, oft fälschlich Nitroseide geheißen, ist das älteste Produkt dieser Art, und obschon dieses Produkt wahrscheinlich das feinste und schönste Kunstseidenmaterial darstellt, tritt es wegen der hohen Kosten gegenwärtig in den Hintergrund. Die Fabrikation der Kunstseide nach dem Verfahren von Chardonnet[11]) zerfällt in 4 Abschnitte:
1. Herstellung des Cellulosenitrats,
2. Herstellung der Lösungen,
3. Spinnen der Faser,
4. Denitrierung und Bleichen der Faser.

---

[1]) s. Literaturverzeichnis auf S. 38.

Nitrierung. Das Ausgangsmaterial bilden Baumwoll-Linters. Das Material wird gebleicht und getrocknet. Der Wassergehalt soll höchstens 0,5 vH betragen. Der wichtigste Punkt, welcher bei der Nitrierung beachtet werden muß, ist die vollkommene Reinheit (Aschefreiheit) der Nitriersäure. Die Zusammensetzung ist:

$$\begin{array}{ll} \text{Salpetersäure} & 14{,}2 \text{ vH} \\ \text{Schwefelsäure} & 68 \text{ vH} \\ \text{Wasser} & 18 \text{ vH.} \end{array}$$

Der Wassergehalt ist außerordentlich wichtig, weil nur bei einem Verhältnis von ca. 14 vH Salpetersäure und 18 vH Wasser ein klarlösliches Nitrierungsprodukt erhalten wird, welches gleichzeitig eine genügende Viscosität aufweist. Die Entfernung der Asche, das ist in erster Linie Eisen- und Bleisalze, erfolgt auf sehr einfache Weise, indem man die Mischsäure 3 Tage vor der Verwendung herstellt und sie darauf von dem entstandenen Niederschlag abhebert.

Das Verhältnis von Säure (Mischsäure) zu Baumwolle (Cellulose) beträgt 500 : 11; die Nitrierungstemperatur 30—40° C, die Nitrierdauer ungefähr 2 Stunden. Die Nitrierung wird in der Weise ausgeführt, daß man die Baumwolle in Mengen von ungefähr 4 kg rasch in die Säure stößt. Nach 2 Stunden werden die Nitriertöpfe, welche eine ähnliche Form wie Gießereipfannen haben, in Zentrifugen durch Umkippen entleert und von der Säure abgeschleudert. Nach 15 Minuten ist das Verhältnis von Baumwolle zu Säure ca. 1 : 1. Das ausgeschleuderte Material ist darauf so rasch als möglich in viel Wasser zu werfen, wird gründlich ausgewaschen, wiederholt abgeschleudert und dann in einem Holzbottich 30 Minuten lang mit 2 vH Salzsäure gekocht. Diese Arbeitsweise bezweckt die Verseifung der Schwefelsäureester, und man hat gefunden, daß die Festigkeit des Fadens im Endprodukt durch diese Verseifung in manchen Fällen verdreifacht wird. Zum Schlusse wird die Baumwolle in einer Zentrifuge (aus Kupfer) gründlich ausgewaschen, wobei der Säuregehalt auf unter 1 vH fällt. Die Kollodiumwolle, welche auf diese Weise erhalten wird, enthält ca. 11,5 vH Stickstoff, Schwefelgehalt unter 0,1 vH und einen durchschnittlichen Aschegehalt von 0,6 vH, der nur in Ausnahmefällen auf 2 vH ansteigen kann, wenn, wie einleitend bemerkt, die Säure nicht sorgfältig von den Eisen- und Bleisalzen befreit wurde.

Kollodiumseide (Chardonnet-Seide).

Herstellung der Lösungen. Als Lösungsmittel kommt technisch nur Äthyläther und Alkohol in Frage. Alle andern Lösungsmittel erwiesen sich als unpraktisch. Es ist unnötig, die Baumwolle zu trocknen, wie dies z. B. in Ullmanns Enzyklopädie irrtümlich angegeben ist. Das Verhältnis von Kollodiumwolle zum Lösungsmittel ist:

18 Teile Nitrierprodukt (auf Trockengehalt berechnet),
60 Teile Alkohol,
40 Teile Äther

plus das in der Kollodiumwolle befindliche Wasser, welches nicht in Berücksichtigung gezogen wird. Die Lösung des Cellulosenitrats erfolgt in geschlossenen schmiedeeisernen Zylindern mit horizontalem Rührwerk. Das Lösungsmittel wird meist in 3 Portionen bei 20—25° C hinzugegeben und langsam gerührt. Die Entfernung der Luft erfolgt ausschließlich durch Stehenlassen während 24 Stunden. Der wichtigste Punkt dieser Operation ist die Filtration der so erhaltenen Lösungen. Sie erfolgt durch muschelförmige Stahlfilterpressen. Das Filter besteht aus Messingdraht, auf welchem ein Filtriertuch aus Seide und Baumwolle liegt. Es wird 2—4 mal filtriert, wobei der Filtrationsdruck infolge der zunehmenden Klarheit der Lösungen nach und nach von 60 auf 40 Atm. fällt. Die glasklaren Lösungen werden nun durch feine Glasdüsen ausgepreßt, wobei immer nur ein Faden von einer Düse erzeugt wird. Der Faden wird, nachdem er ungefähr 60 cm durch warme bewegte Luft geleitet wurde, mit einer Geschwindigkeit von ungefähr 1 m per Sekunde auf eine nasse Walze aufgewickelt, und das Lösungsmittel wird aus der Luft und aus dem Wasser zu ungefähr 70 vH regeneriert (Absorption mit Wasser und konzentrierter Schwefelsäure).

Denitrierung. Die gewaschene „Nitroseide" ist außerordentlich gefährlich (leicht entzündlich und explosiv). Schon de Chardonnet hat gefunden, daß es leicht möglich ist, die Nitrogruppen reduzierend zu verseifen. Dabei geht aber das Gewicht des Fadens um 50 vH zurück, wobei er auch gleichzeitig um 50 vH feiner wird. Gerade diese Operation ist es, welche es ermöglicht, einen so feinen Faden zu erhalten, wie es bei keinem andern Kunstseideverfahren möglich ist. Die Denitrierung wird in der Weise vorgenommen, daß man das Nitroprodukt bei 35° C mit einer ungefähr 1 vH Calcium-Sulf.-Hydratlösung behandelt. Eine geringe Menge Ammoniak wird hinzugefügt, weil, solange das Sulf.-Hydrat in genügender Menge vorhanden ist, die Lösung dann deutlich nach Ammoniak riecht. Die Temperatur des Bades (Flottenverhältnis ca. 1 : 10) steigt von 35° C im Laufe von einer Stunde von selbst auf ungefähr 60° C. Der Stickstoff ist nach dieser Zeit aus der Seide entfernt. Es wird gründlich ausgewaschen und zum Schlusse nach üblichen Methoden mit Hypochlorit gebleicht. Die Ausbeute an Fertigfabrikat beträgt ungefähr 95 vH der Baumwolle.

II. Das Kupferoxydammoniakverfahren.

Bei dem Kupferoxydammoniakverfahren wird reine Baumwolle in dem sog. „Schweitzerreagens" gelöst. Besondere Verdienste um die Ausarbeitung dieses Verfahrens haben sich Desparssis[2] (1890) und Pauly[3] (1897) erworben. Es werden Lösungen von 10—20 vH Cellulose hergestellt, filtriert und ähnlich wie bei dem Viscoseverfahren mit Säure und Salzen gefällt. Genauere Angaben sind nicht erhältlich. Die Kupferoxydammoniakseide hat in den letzten Jahren die Chardonnetseide verdrängt, weil sie ähnliche Eigenschaften wie diese aufweist, etwas billiger ist und im Gegensatz zu jener vollständig ungefährlich in der Fabrikation. Auch haben die billigen Ammoniakpreise (Haber) viel zur Ausbildung dieses schönen Verfahrens beigetragen. Die Kupferoxydammoniakseide kommt unter dem Namen „Glanzstoff" oder auch „Adlerseide" oder „Bembergseide" in den Handel und hat in den letzten Jahren sehr große Bedeutung erlangt.

III. Das Viscoseseideverfahren.

Der Viscoseprozeß ist heute der billigste Prozeß, welcher bekannt ist, weil er das einzige Verfahren darstellt, bei welchem reine Holzcellulose zur Verwendung kommt. Die Herstellung der Viscoseseide ist heute so allgemein bekannt geworden (ich verweise besonders auf Ullmanns Enzyklopädie und andere Fachschriften) und übergehe diesen Prozeß deshalb (s. auch Eggert,

Viscose[41]). Der Nachteil des Viscoseverfahrens besteht in dem kalten, harten Faden, und es ist charakteristisch, daß alle großen Viscosefabriken mit diesem billigen Material entweder Glanzstoff fabrizieren oder dann dazu übergehen, ein neues Material zu studieren, nämlich die Acetatseide, welche der Gegenstand vorliegender Arbeit ist.

IV. Das Acetatseideverfahren.

Allgemeines. Celluloseacetat wurde zuerst von Schützenberger[5] im Jahre 1865 erhalten, indem er Cellulose und Essigsäureanhydrid im geschlossenen Glasrohr erhitzte. Franchimont[6] untersuchte 1879 die Wirkung von Katalyten (Säuren), und Bevan & Croß patentierten 1894 das erste Verfahren, auf welchem sich alle andern aufbauen (Bayer, Farbwerke, Lederer, Wohl, Miles, Dreyfus). — Das zur Herstellung nötige Celluloseacetat wird in 2 Stufen erhalten:

1. Darstellung eines primären Acetats (Tri-Acetat),
2. Verseifung dieses Produktes, um die zum Spinnen nötige Löslichkeit und Viscosität zu erhalten.

Folgendes ist ein typisches Arbeitsbeispiel: 100 g Baumwolle von ungefähr 5 vH Wassergehalt werden mit einem Gemisch von 300 g Essigsäureanhydrid, 600—1000 g Eisessig und 5—15 g konzentrierter Schwefelsäure gemischt, wobei Sorge zu tragen ist, daß die Temperatur unter 30° C bleibt. Das Maximum der Acetylierung wird je nach Temperatur und Zusammensetzung des Gemisches in 6—24 Stunden erreicht. Das so hergestellte primäre Produkt ist meist sehr schwer oder auch unlöslich in Aceton. Es löst sich erst nach partieller Verseifung in diesem Lösungsmittel. Die Verseifung wird in der Weise bewerkstelligt, daß man direkt zu dem Acetylierungsgemisch die nötige Menge Wasser hinzufügt und bei 40—50° C verseift. Das fertige Produkt wird in viel Wasser gegossen, gründlich gewaschen und bei 40° C getrocknet. Es mischt sich fast vollständig mit Aceton, und zwar merkwürdigerweise bei steigender Temperatur in jedem Verhältnis und kann nach Filtration zum Spinnen von Fäden verwendet

---

[1]) Eggert, Johann: Die Herstellung und Verarbeitung der Viscose. Berlin: Julius Springer 1926.

werden. Da es nicht angeht, den Faden wie beim Chardonnetverfahren mit Wasser zu fällen, ist man genötigt, den Spinnprozeß in der Weise vorzunehmen, daß man den Faden von oben nach unten auspreßt, wobei er durch eine Strecke von ungefähr 5—10 m geführt und durch einen aufsteigenden warmen Luftstrom so weit getrocknet wird, daß er unmittelbar gezwirnt und aufgehaspelt werden kann. Das so erhaltene Produkt ist bereits fertige Handelsware. Die Geschwindigkeit des Auspressens beträgt 4—7 m pro Sekunde. Bei keinem Verfahren der Kunstseidenindustrie kann man eine gleiche Geschwindigkeit erzielen. Der Faden ist feiner als jene Fäden, die nach andern Verfahren erhalten werden, Chardonnetseide ausgenommen. In mechanischer Beziehung ist der Acetatseidefaden elastischer als seine Konkurrenten und die mechanische Festigkeit im trockenen und feuchten Zustand nur ungefähr 25 vH verschieden. Infolge dieser verhältnismäßigen Wasserechtheit, verbunden mit befriedigender Elastizität, ist dieses feine Material sehr interessant. Auf die Eigenschaften in bezug auf Färbbarkeit möchte ich hier nicht eingehen. Nur das möchte ich sagen, daß das färberische Problem heute ziemlich gelöst ist. — Die nachstehenden Tabellen 1 und 2 geben die mechanischen Eigenschaften der 4 wichtigsten Kunstseiden im Vergleich zu Naturseide. Der unbefangene Beobachter erkennt sofort, daß die Naturseide auch heute noch konkurrenzlos ist.

Tabelle 1[7].

	Feinheit in Den	Reißfestigkeit trocken	Reißfestigkeit naß	Verlust vH
Kupferseide . .	1,4	3,3	2,4	— 27,3
Viscoseseide . .	5,3	12,4	6,1	— 50,8
Viscoseseide . .	8,1	18,9	9,3	— 50,8
Viscoseseide . .	3,0	7,4	5,2	— 29,7
Nitroseide . . .	5,9	11,4	6,0	— 47,3
Nitroseide . . .	8,2	22,7	12,9	— 43,3
Acetatseide . .	5,0	7,9	6,6	— 16,4
Naturseide . .	1,27	7,8	7,3	— 6,4

Tabelle 2⁸. Vergleichung der Kunstseide mit Naturseide.

	Kupferseide 1,32 Den	Viscoseseide 5,3 Den	Nitroseide 3,0 Den	Acetatseide 5,0 Den	Naturseide 1,27 Den
I. Faser					
Feinheit	192	48	84	50	200
Völligkeit des Querschnitts	200	20	148	72	168
Reißfestigkeit (1000) trocken	86	86	92	50	200
„ naß	34	25	34	22	100
Bruchdehnung, trocken	120	42	54	92	200
„ naß	26	36	52	91	100
II. Garn					
Reißlänge, trocken	60	58	66	—	200
„ naß	21	18	14	—	100
Bruchdehnung, trocken	128	100	90	—	200
„ naß	50	31	26	—	100
III. Gewebe					
Reißfestigkeit, Kette, trocken	82	88	60	—	200
„ „ naß	21	18	14	—	100
„ Schuß, trocken	54	48	56	—	200
„ „ naß	16	12	14	—	100
Bruchdehnung, Kette, trocken	168	132	116	—	200
„ „ naß	75	32	27	—	100
„ Schuß, trocken	114	110	100	—	200
„ „ naß	62	36	29	—	100
Falzfestigkeit	0	0	0	—	200
Scheuerfestigkeit	178	200	0	—	132
				377	968
	1687	1208	1076		3100
Qualitätszahl	54	39	35	39	100

Allgemeiner Teil.

Die Aufgabe, welche in der vorliegenden Arbeit gestellt war, lautete:

1. Wie erhält man das primäre Tri-Acetat, insbesondere welches oder welche Patente sind praktisch durchführbar?

2. Wie erhält man aus dem primären Tri-Acetat eine spinnbare Acetylcellulose?

Wenn man die zahlreichen Patente durchgeht, welche im Anhange (S. 39) vollständig aufgeführt sind, so kann man sich des Eindrucks nicht erwehren, daß eine sehr große Anzahl der Patentansprüche unabsichtlich — oder vielleicht auch absichtlich — unklar abgefaßt sind. Es ist dies nicht erstaunlich, wenn man sich die großen Schwierigkeiten vergegenwärtigt, welche auf diesem Arbeitsgebiete angetroffen werden. Es wurde daher nach sorgfältiger Durchsicht des Materials nach den Angaben des französischen Patentes von F. Bayer & Co., F.P. Nr. 317007, sowie nach dem französischen Patent von Dreyfus F.P. Nr. 475160 (1916) gearbeitet. Die Apparatur, welche zur Verwendung kam, war ein reversibel-arbeitender Knetapparat von Werner & Pfleiderer (von 3 l Inhalt), hergestellt aus säurefester Spezialbronze. Der Apparat kann gewärmt und gekühlt werden.

Bevor ich auf die experimentellen Daten eingehe, muß das Prinzip, nach welchem diese Arbeit ausgeführt wurde, erläutert werden. Jede Acetylierung, welche ausgeführt wurde, mußte nach 2 Richtungen untersucht werden. Es wurde bestimmt:

1. der Grad der Acetylierung und die Löslichkeit des primären Produktes und

2. der Grad der Verseifung, die Löslichkeit und Viscosität des sekundären Produktes.

Der Grad der Acetylierung wurde durch einfache Verseifung mit Natronlauge festgestellt. Bei sorgfältiger, gleichmäßiger Arbeit

Allgemeiner Teil. 9

bekommt man Zahlen, welche unter sich gut übereinstimmen, und ich verweise auf den experimentellen Teil. — Bedeutend größere Schwierigkeiten macht die Feststellung der Löslichkeit und Viscosität. Die primären Produkte lösen sich in vielen Fällen in Aceton auf, was bis jetzt nicht sicher bekannt war. Ob wirkliche Lösungen entstehen oder Suspensionen (Dispersionen), kann nicht mit Sicherheit festgestellt werden, weil es möglich erscheint, daß sich das Lösungsmittel mit dem Tri-Acetat verbindet. Die Vermutung, daß eine Acetonadditionsverbindung entstehe, ist deswegen naheliegend, weil alle primären Produkte, welche in Aceton löslich sind, nach kürzerer oder längerer Zeit koagulieren, wobei die Löslichkeit vollständig verlorengeht. Die Koagulation findet auch in sehr verdünnten Lösungen 5—10 vH statt, wobei mit steigender Verdünnung die Koagulationsdauer bis auf 6 Monate ansteigt. Es ist selbstverständlich, daß alle Lösungen vor der Untersuchung tadellos filtriert wurden. Diese Filtration verursachte die größte Schwierigkeit während der ganzen Arbeit. Sie ist jedoch, wie aus dem experimentellen Teil hervorgeht, vollständig überwunden worden.

Eine zweite Schwierigkeit verursachte die zuverlässige und rasche Viscositätsbestimmung. Die Flüchtigkeit des Lösungsmittels erlaubte nicht, daß die gewöhnlichen Viscosimeter verwendet wurden, und zu dieser Schwierigkeit gesellte sich noch die Tatsache, daß die meisten Viscositätsbestimmungen bei Temperaturen vorgenommen werden mußten, bei denen sich das Aceton sehr rasch verflüchtigt (25—50° C). Nach genauem Studium der einschlägigen Literatur benutzte ich die Methode von A. E. Goddard, Leicester (England). Das Prinzip dieser Methode, welches nicht neu ist, sondern sich durch die besondere Ausführungsform auszeichnet, besteht darin, daß man die zu untersuchende Lösung in einem Glasrohr mit Capillaröffnung hinaufsteigen und hinunterfallen läßt, wodurch die Dichte der Substanzen praktisch eliminiert wird[9]. — Folgende Rechnung zeigt das Prinzip dieser schönen Methode:

Durch Anwendung eines Druckes „p_1" wird die Lösung des Celluloseesters durch eine Capillare vom Radius „r" gepreßt, wobei das Volumen „V" in der Zeit „t" Sekunden durchgeht. Der Druck wird nun vermindert und die Flüssigkeit fallen gelassen, wobei ein Volumen „V" durch die Röhre in „t_2" Sekunden gegen den Druck „p_2" mm geht. Wir wissen von der gewöhnlichen Viscositätsgleichung, daß

$$\eta = \frac{\pi r^4 p t}{8 V l} - \frac{\varrho V}{4 \pi l t},$$

wobei der Druck „p" gleich $h \varrho g$ ist. Bringt man diese zur Auf- und Abwärtsbewegung der Flüssigkeit in der Capillare in Beziehung, so erhalten wir:

1. hinaufgepreßte Flüssigkeit

$$\eta = \frac{\pi r^4 t_1 (p_1 - h \varrho g)}{8 V l} - \frac{\varrho V}{4 \pi t_1 l}, \tag{1}$$

2. hinunterfallende Flüssigkeit

$$\eta = \frac{\pi r^4 t_2 (h \varrho g - p_2)}{8 V l} - \frac{\varrho V}{4 \pi t_2 l}. \tag{2}$$

Dann von 1

$$p_1 - h \varrho g = \frac{\eta \, 8 V l}{\pi r^4 t_1} + \frac{\varrho V}{4 \pi t_1 l} \frac{8 V l}{\pi r^4 t_1}. \tag{3}$$

Dann von 2

$$h \varrho g - p_2 = \frac{\eta \, 8 V l}{\pi r^4 t_2} + \frac{\varrho V}{4 \pi t_2 l} \frac{8 V l}{\pi r^4 t_2}. \tag{4}$$

3 und 4 addierend erhält man

$$p_1 - p_2 = \frac{\eta \, 8 V l}{\pi r^4} \left(\frac{1}{t_1} + \frac{1}{t_2} \right) + \frac{\varrho V \, 8 V l}{4 \pi^2 r^4 l} \left(\frac{1}{t_1^2} + \frac{1}{t_2^2} \right)$$

$$= \frac{\eta \, 8 V l}{\pi r^4} \left(\frac{t_1 + t_2}{t_1 t_2} \right) + \frac{8 \varrho V^2 l}{4 \pi^2 r^4 l} \left(\frac{t_1^2 + t_2^2}{t_1^2 t_2^2} \right).$$

Dann die Viscosität

$$\eta = \frac{(p_1 - p_2) \pi r^4 t_1 t_2}{8 V l (t_1 + t_2)} - \frac{8 V^2 \varrho l \pi r^4 (t_1^2 + t_2^2) t_1 t_2}{4 \pi^2 r^4 l t_1^2 t_2^2 \, 8 V l (t_1 + t_2)}$$

$$= \frac{\pi r^4 t_1 t_2 (p_1 - p_2)}{8 V l (t_1 + t_2)} - \frac{\varrho V (t_1^2 + t_2^2)}{4 \pi l t_1 t_2 (t_1 + t_2)}.$$

Sorgfältige experimentelle Bestimmungen zeigten, daß unter gewöhnlichen Umständen der zweite Faktor von der Größenordnung 0,00002 ist und deshalb vernachlässigt werden kann.

Die ursprüngliche Apparatur wurde ein wenig abgeändert für die Bestimmung der Viscosität der Esterlösungen, wobei

Allgemeiner Teil.

eine viel weitere Capillare angewendet wurde. Eine Eichung mit Glycerin (Viscosität ca. 8,3, 20°) ergab, daß die Methode sehr genau ist und für Lösungen von sekundären Celluloseacetaten, wobei Aceton als Lösungsmittel verwendet wurde, gebraucht werden kann, und zwar für Konzentrationen bis zu 15 vH, wobei die Viscosität ungefähr 10 ist (bei absoluten Einheiten[1]), wenn man die Temperatur auf 40° C hält. — Nach diesem Verfahren kann man sehr rasch eine Reihe von Viscositätsbestimmungen bei verschiedenen Temperaturen machen. Dieselbe Lösung kann für alle Bestimmungen gebraucht werden. Außerdem können die Lösungen nach der Bestimmung mit Paraffin verschlossen und für unbestimmte Zeitdauer aufbewahrt werden. Die Viscositätsbestimmung kann also mit derselben Probe wiederholt werden, und jede Viscositätsänderung, welche im Laufe der Zeit entsteht, somit mit einem minimalen Fehler beobachtet und notiert werden. Endlich macht natürlich die Möglichkeit, ohne Dichtebestimmung arbeiten zu können, die Methode besonders geeignet für rasches Arbeiten.

Ost, welcher sehr viel über Acetatseide gearbeitet hat, stellte verschiedene Theorien über die Acetylierung der Cellulose auf. Er ist der Ansicht, daß man mit Chlorzink als Katalyt das echte Tri-Acetat bekomme, welches 62,5 vH Essigsäure enthält oder genauer 44,8 vH Acetyl. Ost[10] teilt, wie wir schon einleitend bemerkt haben, die primären Acetate in Derivate der Cellulose oder Hydrocellulose ein. Diese sollen löslich in Chloroform sein und unlöslich in Aceton. Aus meinen experimentellen Daten geht hervor, daß Osts Angaben keine absolute Gültigkeit haben, indem das primäre Produkt sowohl in Aceton als auch Chloroform löslich oder auch unlöslich sein kann, je nach der Herstellungsweise, und in beiden Fällen entstehen keine richtigen Lösungen. Die sekundären Produkte entstehen nach Ost durch Verseifung der primären Acetate mit 10 vH Mineralsäure bei 20° C. Diese Angabe wurde von Croß und Bevan[11] widerlegt, indem sie darauf hinweisen, daß Osts Annahme, daß das primäre Produkt in Aceton unlöslich sei, falsch ist, indem diese Produkte in gewissen Fällen, wenn sie nach der Methode von Dreyfus her-

---

[1] Aus der Definition folgt, daß die absolute Zähigkeit gemessen wird in C.G.S.-Einheiten, wobei Wasser bei 20° C eine Zähigkeit von 0,0101 hat (nach Drew).

gestellt wurden, sowie wenn Benzol als Verdünnungsmittel verwendet wird, eine gute Löslichkeit zeigen. Bevan und Croß sind der Ansicht, daß die Löslichkeit das Resultat der Spaltung des Cellulosemoleküls sei.

Die vorliegende Arbeit wurde unternommen, um zu versuchen, diese Widersprüche zu lösen. Die Patentliteratur, welche im Anhang im Auszuge vollständig wiedergegeben wird, ist verwirrend und so kompliziert, daß es sehr schwierig ist, auch nur einen einzigen Versuch nach den dortigen Angaben sicher zu reproduzieren. Es wurde daher von vornherein darauf verzichtet, die Versuche nach irgendeinem Patent genau zu wiederholen, und nach einigen Versuchen im ganz kleinen Maßstabe mit 10 g Baumwolle entschloß ich mich sofort, zu Versuchen im Halbgroßen, von welchen zu erwarten ist, daß sie auch im vergrößerten Maßstab unter entsprechenden Veränderungen zu reproduzieren sind. Es wurden in allen Fällen 200 g Baumwolle von 5 vH Wassergehalt verwendet, indem es sich zeigte, daß vollständig getrocknete Baumwolle von 0,4 vH Feuchtigkeit sich lange nicht so gut und regelmäßig acetylieren läßt, eine Tatsache, welche schon von Caille[12] erwähnt wird. In den Versuchen wurde so genau wie möglich nach den Fabrikationsmethoden gearbeitet. Es wurden immer Gemische von Essigsäureanhydrid und 100 vH Essigsäure verwendet in verschiedenen Mengenverhältnissen, und Schwefelsäure wurde immer als Katalyt gebraucht.

Schon die ersten Versuche zeigten, daß das Verhältnis von Essigsäureanhydrid zu Cellulose nicht unter 3 Teilen Anhydrid zu 1 Teil Cellulose fallen darf. Die absolute Menge der Essigsäure scheint ohne großen Einfluß zu sein, obschon Versuche, einen Teil davon durch Ameisensäure zu ersetzen, ein ungünstiges Ergebnis zeitigten. In bezug auf den Katalyt ist zu sagen, daß ein bestimmtes Minimum vorhanden sein muß, welches man vielleicht „kritisches Minimum" bezeichnen dürfte. Es zeigte sich, daß, wenn man unter dieses Minimum geht, es unmöglich ist, die Acetylierung zu Ende zu führen, ohne die Temperatur so zu erhöhen, daß die Viscosität des Endproduktes leidet. — Durch vergleichende Versuche wurde festgestellt, daß dieses Minimum bei kleinen Versuchen bei 13 vH Schwefelsäure liegt (auf die Cellulose berechnet), während bei Verwendung größerer Cellulosemengen man bis auf 5 vH heruntergehen könnte. Diese

Allgemeiner Teil.

überraschende Tatsache dürfte damit zusammenhängen, daß in einem modernen Knetapparat eine tadellose Durchmischung viel besser erfolgt, als in kleinen Versuchen, wo man unmöglich homogene Mischungen erzielen kann. Fußend auf dieser Beobachtung, wurden 20 vergleichende Versuche im Halbgroßen ausgeführt, welche in Tabelle 5 (s. S. 24) aufgeführt sind.

Die Primärprodukte wurden isoliert, gereinigt und auf ihre chemischen und physikalischen Eigenschaften hin untersucht.

Folgendes sind die beobachteten Tatsachen:

1. Es ist unmöglich, primäre Acetate zu erhalten, welche acetonlöslich sind, ohne daß die Reaktion sehr genau reguliert wird.

Die Anfangstemperatur darf während der ersten Stunde der Acetylierung nur zwischen den Grenzen von 18—25° C variieren. — Höhere oder tiefere Temperatur reduziert die Viscosität des Sekundärproduktes.

2. Um im großen Maßstabe die Temperatur regulieren zu können, dürfte der unten skizzierte Apparat zur Verwendung kommen.

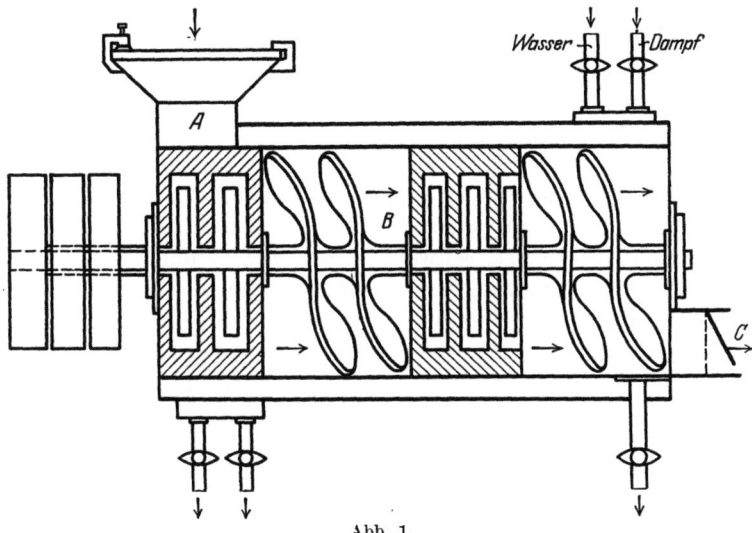

Abb. 1.

Ein solcher Apparat müßte aus einem Reaktionszylinder bestehen, durch welchen mittels einer Transportschnecke das Reaktionsgemisch vorwärtsbewegt wird. Die Zeit müßte so bemessen sein, daß beim Austritt bei der Öffnung „*C*" die Faserstruktur der Cellulose aufgehoben wird. Die Acetylierung müßte darauf in einem Knetapparat nach Werner & Pfleiderer beendet werden. Nach ungefähr einer Stunde vom Beginn der Acetylierung besteht keine Gefahr der Überhitzung mehr.

Lösungen dieser Primäracetate in reinem Aceton wurden hergestellt, filtriert und untersucht. Die Filtration bereitete am Anfange einige Schwierigkeiten. Der Filtrierapparat, der S. 30 abgebildet ist, muß Drucke bis zu 100 Atm. aushalten. Die Temperatur der Lösungen muß bis zum Siedepunkt des Lösungsmittels gesteigert werden können und das Filtriermaterial eine ganz bestimmte Beschaffenheit haben. Einzig feiner Hutfilz erlaubt eine gute Filtration.

Die Primärprodukte werden hierauf durch Hydrolyse in die partiell verseiften Sekundärprodukte übergeführt. Die Verseifung, welche zuerst nach dem F.P. Nr. 438649 versucht wurde, gab kein Ergebnis, und schließlich zeigte es sich, daß es sehr leicht ist, die Verseifung in der Weise vorzunehmen, daß man sie anschließend an die Acetylierung vornimmt, ohne daß man das Primärprodukt aus dem Acetylierapparat überhaupt entfernt. Es genügt, nach beendeter Acetylierung dem Gemisch so viel Wasser oder wässerige Essigsäure zuzusetzen, daß das Gemisch einen Gehalt von 95 vH Essigsäure aufweist, und die Temperatur vorsichtig auf 40—50° C steigen zu lassen. — Die Verseifungsdauer, d. h. die Zeit, welche nötig ist, um ein vollständig acetonlösliches Produkt zu erhalten, welches seine Viscosität und Löslichkeit nicht mehr verändert, schwankte zwischen 6 und 20 Stunden. Je kürzer die Verseifungszeit, desto günstiger die physikalischen Eigenschaften. Die Produkte, welche auf diese Weise erhalten werden, sind im trockenen Zustande schneeweiße, völlig undurchsichtige, matte Pulver. Sie sind unlöslich in Chloroform, aber in jedem Verhältnis mischbar mit Aceton in der Kälte sowohl als in der Wärme. Die Verseifung führt zu Produkten, welche zwischen 56 und 53 vH Essigsäure enthalten. Je höher der Essigsäuregehalt, desto günstiger die physikalischen Eigenschaften. Es zeigte sich, daß es ganz unmöglich ist, in allen Fällen ein identisches Produkt zu bekommen, und es mußte daher im großen jede Fabrikationspartie in bezug auf Löslichkeit und Viscosität fortlaufend kontrolliert werden. Dies ist, wie wir im praktischen Teil sehen werden, nach der vorgeschlagenen Viscositätsmethode sehr leicht, indem eine Bestimmung ungefähr eine Stunde dauert. Ganz allgemein kann gesagt werden, daß eine zu hohe Verseifungstemperatur und eine zu lange Verseifungsdauer sekundäre Acetate von niedriger Viscosität geben, welche ungeeignet zum Spinnprozeß sind und die auch beim Ausgießen auf Glasplatten harte, spröde Films geben.

Nebenbei sei bemerkt, daß Acetatseide aus bedeutenden Fabriken nach meinen Untersuchungen gleiche Viscosität in Aceton zeigte bei gleichem Acetylgehalt, wie meine guten Versuche.

I. Diskussion der im experimentellen Teil besprochenen Ergebnisse.

Es wäre sehr verlockend, aus den von mir erhaltenen Resultaten Schlüsse auf die Konstitution der Cellulose und des Celluloseacetats zu ziehen. Leider scheinen mir die erhaltenen Zahlen in keiner Weise geeignet, die verschiedenen Fragen und Differenzen, welche z. B. von R. O. Herzog und P. Karrer[13] aufgeworfen wurden, abzuklären. Irvine[14] ist der Ansicht, daß je 3 Moleküle einer Gruppe von C_6 sich zu einem C_{18}-Molekül durch Restaffinitäten verbinden, und die Untersuchungen von Haworth[15] und Hirst scheinen diese Angaben zu stützen. Alle diese Angaben erklären aber in keiner Weise die besonderen Eigenschaften des Cellulosemoleküls, und sie sind auch nicht imstande, irgendwelches Licht in die Verhältnisse zu werfen, welche nachstehend beschrieben sind. Alles, was mit Bestimmtheit gesagt werden kann, ist, daß wahrscheinlich ein Tri-Acetat gebildet wird und daß die ursprüngliche Angabe von Croß und Bevan, welche ein Tetra-Acetat annahmen, kaum richtig ist. Bevor also diese Fragen einwandfrei gelöst sind, bleiben zur Charakterisierung der Acetylderivate der Cellulose einzig der vH-Gehalt von Acetyl, bezogen auf das Gesamtmolekül, und ferner die Löslichkeiten und Viscositäten in den verschiedenen Lösungsmitteln. Es ist daher nicht erstaunlich, daß ein technischer Erfolg nur durch zahlreiche rein empirische Versuche erzielt werden konnte, und charakteristisch in dieser Beziehung ist es, daß, wie bekannt ist, die Chardonnetfabrik von Tubize es war, welche zuerst Celluloseacetat einwandfrei spinnen lernte.

Meine Versuche sollen ein Beitrag zu der Empirie der Celluloseacetate bringen, und die nachfolgenden Versuche und Tabellen geben vielleicht einen Einblick in den Reaktionsmechanismus.

Analytisches. In meinen Experimenten wurde die Verseifung der Acetylcellulose mit Natronlauge vorgenommen. Ein genaues Beispiel ist im experimentellen Teil aufgeführt. Die Annahme von Frey[16], daß man auf diesem Wege keine guten Ergebnisse bekomme, kann ich nicht bestätigen. In bezug auf die Literatur ist zu bemerken, daß eine Reihe von Gelehrten sich mit der Verseifung von Acetylcellulose beschäftigt.

Bedeutung der Acetylzahl. Es wurde gefunden, daß der Essigsäuregehalt der primären Acetate zwischen 57,1 und 61,9 vH schwankt, währenddem ein Tri-Acetat 62,5 vH Essigsäure verlangt. In allen jenen Fällen, bei denen die Primärprodukte teilweise in Aceton löslich waren, zeigte es sich, daß der acetonlösliche Teil einen geringeren Essigsäuregehalt als der unlösliche Teil hatte. Steigende Löslichkeit in Aceton, welche durch Säureverseifung bewirkt wurde (Verfahren von Miles), ergab Produkte, welche, wie zu erwarten ist, einen geringeren Essigsäuregehalt aufweisen. — Im Gegensatz zu Ost, welcher die Grenze der Löslichkeit in Aceton zwischen 50 und 57,6 vH Essigsäuregehalt angibt, fand ich, daß Produkte erhalten werden können, welche nur 48,4 vH Essigsäure enthalten und dennoch vollkommen löslich in Aceton sein können. Ferner zeigte es sich, daß auch Primäracetate von guter Löslichkeit in Aceton erhalten werden können, obschon sie 59,5 vH Essigsäure enthielten. — Ich halte es für möglich, daß die obere und die untere Grenze sogar überschritten werden könnte. Es wurde ferner gefunden, daß meine Produkte praktisch keine Schwefelsäure enthalten, jedenfalls weil die Anfangstemperatur der Acetylierung möglichst tief gehalten wurde. Bei hoher Temperatur zu Beginn der Acetylierung können die Fabrikate bis 5 vH Schwefelsäure enthalten. Bei der Verseifung wurde zuerst die SO_3H-Gruppe abgespalten, eine Tatsache, welche in auffallender Übereinstimmung steht mit der Stabilisierung der Schießbaumwolle. Ich glaube, daß diese Feststellung ein, wenn nicht das wichtigste, Resultat der vorliegenden Arbeit ist. Die Analysen wurden nach Entat[17] und Vulguin vorgenommen.

II. Eigenschaften der Celluloseacetatlösungen.

Der Ausdruck „Lösungen" bezieht sich ausschließlich auf jene Lösungen, welche in tadellos filtriertem Zustande vorlagen. Es erscheint selbstverständlich, daß Dispersionen und keine wirklichen Lösungen vorliegen. Die einen Lösungen sind auf alle Fälle ziemlich grobe Dispersionen, nämlich jene der acetonlöslichen Tri-Acetate. Wie schon einleitend erwähnt, koagulieren alle nach kürzerer oder längerer Zeit. Die Lösungen der partiell verseiften Acetate scheinen einen viel höheren Dispersitätsgrad aufzuweisen, und sie verändern ihre Viscosität überhaupt nicht. Obschon verschiedene Lösungsmittel neben Aceton verwendet werden können, wie z. B. Methylacetat, Methyl- oder Äthylformiate und verschiedene Ester der Essig- und Ameisensäure, so zeigte sich doch, daß nur Acetonlösungen eine ausgezeichnete Viscosität aufweisen. Chloroform und Alkohol zusammen, oder Tetrachlorkohlenstoff und Alkohol, sowie Benzol und Alkohol im Gemisch in der Wärme lösen partiell verseifte Acetate. — Es ist interessant, daß das Celluloseacetat sich nur in jenen Lösungsmitteln auflöst, welche eine Hydroxyl- oder Carbonylgruppe enthalten. Ich möchte daher darauf hinweisen, daß sehr wahrscheinlich eine lose Verbindung zwischen der Acetylcellulose und den Lösungsmitteln vorliegt. In dieser Beziehung möchte ich auf die Studie von Esselen[18] hinweisen, welcher Langmuirs Theorie der Oberflächenabsorption auch auf dieses Gebiet anwenden möchte. Bevor jedoch die konstitutiven Verhältnisse vollkommen aufgeklärt werden, sind derartige Theorien ohne jeden praktischen Wert.

III. Zusammenfassung.

Es ist unmöglich, aus der bis heute vorliegenden Literatur einen klaren Einblick in die Chemie der Acetylcellulose zu bekommen. Der Hauptmangel, welcher besonders in der Patentliteratur bemerkbar ist, ist die Unklarheit und häufig verwirrende Darstellung der behaupteten Tatsachen.

Es wurde versucht, ohne jede Voreingenommenheit den Reaktionsverlauf, welcher bei der Acetylierung von Cellulose auftritt, zu studieren. Es wurde gefunden:

1. Entgegen den früheren Angaben, daß Primäracetate in Aceton unlöslich seien, konnte ich zeigen, daß acetonlösliche und filtrierbare Produkte erhalten werden können, wenn folgende Punkte genau beachtet werden:

a) Die Temperatur darf während der ersten Stunde der Acetylierung nicht über 25° steigen. Nachher geht man vorteilhaft auf 25—30° C, bis die Acetylierung beendet ist.

b) Bei der Verwendung von konzentrierter Schwefelsäure als Veresterungsmittel verwendet man vorteilhaft zwischen 10 und 15 vH Schwefelsäure. Die Annahme, daß die Schwefelsäure die Cellulose weitgehend abbaue, konnte ich nicht bestätigen, dagegen tritt Schwefelsäure leicht in das Molekül ein, wenn die Anfangstemperatur zu hoch ist.

c) Es ist nötig, 3 Teile Essigsäureanhydrid auf 1 Teil Baumwolle zu verwenden. Die Menge der Essigsäure als Verdünnungsmittel spielt keine sehr große Rolle, und sie hängt wohl in erster Linie von der Intensität der Mischung ab.

2. Die Viscosität der Primäracetate ist hoch, aber ungleichmäßig. Beim langen Stehen findet in allen Fällen vollständige Koagulierung statt. Die Zeit bis zur vollständigen Koagulierung schwankt zwischen 1—200 Tagen.

3. Die Primäracetate geben infolge ihrer physikalischen Struktur keine guten Seidenfäden, währenddem sie andrerseits überraschenderweise klare, zähe Films geben.

4. Die Lösungen der Primäracetate, welche zur Trockene verdampft werden, geben in vielen Fällen einen Rückstand, der sich nicht mehr vollständig oder auch gar nicht mehr in Aceton auflöst.

5. Die Sekundäracetate werden nach meinen Versuchen vorteilhaft durch Verseifung der Primärprodukte mit 95 vH Essigsäure bei 70° C erhalten. Es ist möglich, die Verseifung unmittelbar anschließend an die Acetylierung auszuführen. Es ist dann nicht nötig, bis auf 70° C zu gehen, sondern Temperaturen von 40—50° C genügen. Ich vermute, daß die in dem Gemisch vorhandene Schwefelsäure die Verseifung stark beeinflusse. In diesem Falle ist eine Verseifungstemperatur von 70° C schädlich, indem die Viscosität stark zurückgeht.

6. Die Sekundärprodukte von einem Essigsäuregehalt von 55—58 vH sind in jedem Verhältnis mit Aceton mischbar, und

die Viscosität dieser Produkte ist ziemlich konstant, aber niedriger als jene der Primärprodukte.

7. Die günstigsten Resultate mit Sekundärprodukten wurden erhalten mit Primärprodukten, welche schwer löslich in Aceton waren. Gleichzeitig wurde gefunden, daß sich diese Primärprodukte verhältnismäßig sehr leicht verseifen lassen. Ferner wurde beobachtet, daß in den meisten Fällen eine geringe Viscosität der Lösungen von Sekundärprodukten einer hohen Acetylierungs- oder Verseifungstemperatur entsprechen. Lösungen von geringerer Viscosität geben spröde Filme.

Praktischer Teil.
A. Experimentelle Untersuchung.
I. Die Darstellung der primären Acetate.

Eine Reihe von Darstellungen des Esters mit kleinen Mengen wurden nach den Dreyfus-Methoden ausgeführt, aber die Quantitäten und die Bedingungen der Herstellung wurden fortwährend etwas verändert. In Anbetracht dessen, daß die so erhaltenen Resultate nur von wenig praktischem Wert sind, da sie im großen nicht mit Erfolg wiederholt werden könnten, sind die Darstellungsmethoden nur in groben Zügen wiedergegeben. Hier folgt ein Beispiel der angewandten Methode, die im französischen Dreyfus-Patent Nr. 475160 (1916) wie folgt lautet:

„Zu einem Gemisch von 400 Teilen Essigsäure, 300 Teilen Essigsäureanhydrid und 15—18 Teilen konzentrierter Schwefelsäure werden 6 Teile wasserfreies Natriumcarbonat hinzugefügt. Dann werden 100 Teile Cellulose beigegeben, wobei das Gemisch durch einen Strahl kaltes Wasser gekühlt wird. Wenn die Lösung klar ist, wird sie erwärmt, um die Reaktion zu vervollständigen. Die Löslichkeit dieses Produktes kann nach Belieben nach dem französischen Patent No. 452046 verändert werden."

Trotzdem die folgenden Präparate sich alle auf das obige Patent stützen, waren sie doch zum Teil nach dem früheren Patent von Bayer modifiziert und das Natriumcarbonat weggelassen. Die ungeändert verwendeten Bedingungen können wie folgt zusammengefaßt werden:

a) Ausgangsmaterial. In allen Fällen wurde Watte mit einem durchschnittlichen Wassergehalt von 5,1 vH ohne vorherige Reinigung verwendet.

b) Acetylierungsgemisch. Dieses wurde bei jedem Präparat etwas geändert. Einige Experimente zeigten, daß die Acetylierung nur sehr schwer vor sich geht, wenn das Verhältnis von

Die Darstellung der primären Acetate. 21

Essigsäureanhydrid zu Watte weniger als 3 : 1 ist. In jedem Falle wurden diese Verhältnisse beibehalten. Es wurde gefunden, daß die wirklich verwendete Menge an Eisessig von weniger Wichtigkeit ist, obschon es besser war, immer etwas mehr zu verwenden, wie in den Bayer- und Dreyfus-Patenten angegeben ist. Am besten waren 5 Teile Eisessig und 1 Teil Cellulose. Es wurden Versuche gemacht, die als Lösungsmittel verwendete Essigsäure durch die billigere Ameisensäure zu ersetzen. Leider blieben diese Versuche ohne Ausnahme erfolglos, da keine Veresterung eintrat. Das gleiche negative Resultat wurde beobachtet, wenn die Essigsäure zum Teil mit Ameisensäure verdünnt wurde. Als Kondensierungsmittel wurde durchwegs konzentrierte Schwefelsäure verwendet. Trotzdem die Quantitäten variiert wurden, entsprachen diese im allgemeinen denjenigen der Patente. Es wurde gefunden, daß zu erfolgreicher Acetylierung das Minimum an Katalyten (zwischen 10 und 13 vH) genügt.

c) Der Acetylierungsprozeß. Wegen der Kleinheit der gebrauchten Quantitäten war es möglich, die Reaktionen in geschlossenen Flaschen auszuführen, wobei die Temperaturen sich genauer kontrollieren ließen. Im allgemeinen wurde das Acetylierungsgemisch unter 5° C gekühlt und die Baumwolle unter Schütteln langsam dazugegeben. Die Temperatur wurde dann entweder unter 20° C oder manchmal unter 25° C gehalten. Das Rühren wurde fortgesetzt, bis die Baumwolle gelöst war, und dann wurde das Gemisch stehengelassen bis zur fertigen Reaktion. Das Acetat wurde ausgefällt durch Eingießen in Wasser, dann die Essigsäure mit Wasser ausgewaschen, gepreßt und an der Luft getrocknet. Die Produkte werden nie ganz getrocknet, da sie sich im hornigen Zustande in Aceton nur sehr schwer lösen.

d) Die Produkte der primären Acetylierung. Die so hergestellten primären Acetate waren farblose Produkte mit beschränkter Löslichkeit. Trotzdem sie alle in Aceton teilweise löslich waren, ist es sehr schwer, einen bestimmten Löslichkeitsgrad mit irgendeiner Variation der Darstellungsmethode in Beziehung zu bringen. Fast ohne Ausnahme waren diese Acetate in feuchtem Aceton leichter löslich, als in wasserfreiem, obschon ein Überschuß an Feuchtigkeit das Produkt ausfällte. — Währenddem die Produkte in heißem Eisessig löslich waren, waren sie in Chloroform nur schwer oder auch unlöslich.

22 Experimentelle Untersuchung.

Die erhaltenen Resultate der ersten Reihe sind in der folgenden Tabelle 3 zusammengefaßt, wobei die Ausbeuten als Tri-Acetat mit einem C_6-Molekül berechnet wurden.

II. Die Darstellung der sekundären Acetate.

Die sekundären Acetate wurden dargestellt durch Verseifung der Primäracetate mit Säuren, und zwar indem man 125 cc Essigsäure (65 cc Wasser und 60 cc Eisessig) dem Gemisch nach Beendigung der Acetylierung unter stetem Rühren zwischen

Tabelle 3. Die Darstellung der primären Acetate.

Probe-Nr.	10 g Cellulose und			Temperatur °C		Reaktions-dauer	Essig-säure-gehalt	Ausbeute vH
	Eisessig	Anhyd.	Kat.	Min.	Max.			
1	50	30	1,7	10	45	24 Std.	62,0	90,0
2	50	30	1,5	10	40	24 Std.	63,0	94,0
3	50	30	1,5	10	30	4 Tg.	62,76	89,0
4	50	30	1,5	10	25	4 Tg.	61,0	91,0
5	50	30	1,5	10	45	2 Tg.	61,9	93,0
6	50	30	1,5	5	30	56 Std.	60,9	89,6
7[1])	50[1])	30	1,5	5	70	—	—	—
8	50	30	1,0	5	30	16 Std.	63,4	—
9	50	30	1,7	5	30	18 Std.	61,9	—
10	50	30	1,7	3	30	48 Std.	60,3	—

Gehalt an gebundener Schwefelsäure in der Regel 1—2,5 vH.

40—50° C hinzufügt. Proben der Lösung wurden in Intervallen von einer Stunde genommen, so daß der Verlauf der Reaktion durch Analyse verfolgt werden konnte. Das allmähliche Fallen des Essigsäuregehaltes mit der zunehmenden Verseifungszeit ist in der folgenden Tabelle dargestellt. Nach 12 stündiger Verseifung blieb der Essigsäuregehalt fast konstant, aber vollständige Acetonlöslichkeit wurde schon nach 8—10 Stunden erhalten, was scheinbar genügt.

Tabelle 4. Verseifung.

Probe-Nr.	Verseifungszeit in Stunden	Essigsäure vH	geb. Schwefelsäure
1	1	60,30	praktisch keine
2	3	59,81	,, ,,
3	5	58,94	,, ,,
4	7	57,53	,, ,.
5	11	54,36	,, ,,
6	13	53,2	,, ,,

[1]) Ameisensäure wurde an Stelle der Essigsäure verwendet.

B. Untersuchungen im Halbgroßen.
I. Die Darstellung der primären Acetate.

Versuche, die vorgehend besprochenen Präparate mit größeren Quantitäten herzustellen, blieben erfolglos, wahrscheinlich, weil bei der Verwendung größerer Quantitäten eine so genaue Durchführung der Bedingungen nicht möglich ist. Eine zweite Reihe von Produkten wurde nun wieder hergestellt, wiederum mit Watte als Ausgangsmaterial.

Acetylierung. In kurzen Zügen ist folgendes der angewandte Prozeß: 200 g Watte von bekannter Feuchtigkeit wurde fein verteilt und nach und nach dem Acetylierungsgemisch, welches sich in einem großen Glastopf bei 5° C befand, zugefügt unter ständigem Rühren, um das Zusammenballen der Baumwolle und die daraus resultierende Überhitzung zu vermeiden. Das Acetylierungsgemisch variierte bei jedem Präparat, bestand aber im allgemeinen aus ca. 600 g Essigsäureanhydrid, 500—1000 g Eisessig und 10—35 g konzentrierter Schwefelsäure. Die wirklich zur Anwendung gelangten Quantitäten sind in Tabelle 5 angegeben. Während der ersten Reaktionsstunde wurde die Temperatur unter gutem Rühren zwischen 18—25° C gehalten. Nach dieser Zeit hatte die Watte ihre faserige Struktur fast ganz verloren und wurde dann in eine Knetmaschine von Werner & Pfleiderer gebracht. Versuche zeigten, daß es nicht ratsam ist, schon während der ersten Stunde der Reaktion die Knetmaschine zu verwenden, da, solange die Baumwolle ihre faserige Struktur beibehält, sie das Rührwerk verstopft. Es wurde gefunden, daß die Reaktion in ihren Anfängen besser kontrolliert werden kann, wenn sie in einem gewöhnlichen Topf ausgeführt wird. — Nachher wurde die Temperatur konstant gehalten bis zur Vollendung der Acetylierung. Hierzu wurde nun die Werner & Pfleiderer-Maschine als sehr geeignet gefunden, da das Rührwerk vollständig genügt und eine Überwachung der Temperatur leicht und sehr genau durchgeführt werden kann. Also nur während der ersten Reaktionszeit wurde eine Schwierigkeit angetroffen, die jedoch auf die schon erklärte Weise behoben werden konnte.

Ausfällen und Reinigen. Das Acetat wurde gefällt, indem man das Acetylierungsgemisch in einen Überschuß von Wasser brachte.

Das feste Produkt wurde in die Knetmaschine geschüttet und einer längeren Zerreibung unterworfen, wobei immer frisches Wasser zugefügt wurde. Das fein zerriebene Acetat wurde darauf in fließendem Wasser einige Stunden gewaschen, bis jede Spur von Essigsäure daraus verschwunden war. Die Notwendigkeit dieser Operation wurde schon vorher hervorgehoben. Das überschüssige Wasser wurde dann durch Pressen entfernt und das erhaltene Produkt durch Zentrifugieren lufttrocken gemacht, wobei aber eine vollständige Trocknung vermieden wurde. Die kleinen Variationen bei der Darstellung der einzelnen Produkte sind in Tabelle 5 zusammengefaßt.

Tabelle 5. Darstellung der primären Acetate.

Probe-Nr.	H_2SO_4 pro 200 g Cellulose g	Eisessig Anhydrid pro 200 g g	Eisessig pro 200 g Cellulose g	Temperatur °C		Reaktionsdauer in Std.	Essigsäuregehalt vH
				Min.	Max.		
1		Käufliche Acetatseide					57,6
2	30	600	750	5	25—30	7	59,5
3	20	600	750	5	55	7	60,1
4	20	600	750	5	55	24	61,1
5	10	600	750	5	25	7	61,9
6	10	600	750	5	25	24	61,4
7	30	600	1000	5	25—30	7	58,3
8	30	600	1000	5	25—30	24	59,0
9	20	600	1000	5	25	6	59,9
10	20	600	1000	5	25	24	58,3
11	35	600	1000	5	25	5	59,1
12	35	600	1000	5	25	7	59,9
13[1])	30	600	1000	5	25	5	59,2
14[1])	30	600	1000	5	25	7	58,9
15[1])	30	600	1000	5	25	24	57,1
16[1])	20	600	1000	5	25	7	59,6
17[1])	20	600	1000	5	25	24	59,0
18[1])	20	600	1000	5	25	48	58,4
19[1])	18	600	600	5	20	24	59,0

Gehalt an gebundener Schwefelsäure praktisch keine, in der Regel ca. 0,2 vH (Maximum 0,5 vH.).

Eigenschaften der primären Produkte. Bei den wie oben dargestellten und isolierten Produkten hatte ein jedes etwas abweichende physikalische Eigenschaften. In gewisser Beziehung

---

[1]) In diesen Fällen wurde trockene Watte verwendet mit einem Wassergehalt 0,46 vH.

Die Darstellung der primären Acetate. 25

jedoch waren sie alle ähnlich, nämlich, daß sie alle ungefähr Tri-Acetate waren, trotzdem ihr Essigsäuregehalt gewöhnlich niedriger war als bei den ersten experimentell hergestellten Produkten. Bemerkenswert war jedoch die kleine Menge an gebundener Schwefelsäure. Die Löslichkeit dieser Produkte in den gewöhnlichen organischen Lösungsmitteln war eine sehr beschränkte. Trotzdem sie in warmem Aceton in verschiedenen Verhältnissen löslich waren, war diese Löslichkeit in kaltem, wasserfreiem Aceton nicht so ausgesprochen. Die Produkte waren auch in warmer Essigsäure löslich, aber ohne Ausnahme unlöslich in kaltem oder heißem Chloroform. Eine Zusammenfassung der Löslichkeiten ist in Tabelle 6 wiedergegeben.

Tabelle 6. Löslichkeit der primären Acetate.

Probe-Nr.	Chloroform	Wasserfreies Aceton	Feuchtes Aceton	Eisessig	Absolut Alkohol	Benzol	Benzol Alkohol
2	unlösl.	lösl.	lösl.	lösl.	unlösl.	unlösl.	wenig lösl.
3	unlösl.	wenig lösl.	wenig lösl.	lösl. heiß	unlösl.	unlösl.	erweicht
4	erweicht	unlösl.	unlösl.	lösl. heiß	erweicht	unlösl.	erweicht
5	erweicht	unlösl.	unlösl.	schwer lösl.	erweicht	unlösl.	unlösl.
6	unlösl.	unlösl.	unlösl.	schwer lösl.	unlösl.	unlösl.	unlösl.
7	unlösl.	lösl.	lösl.	lösl.	erweicht	unlösl.	unlösl.
8	unlösl.	lösl.	lösl.	lösl.	erweicht	unlösl.	wenig lösl.
9	unlösl.	wenig lösl.	lösl.	lösl. heiß	unlösl.	unlösl.	wenig lösl.
10	unlösl.	wenig lösl.	lösl.	lösl. heiß	unlösl.	unlösl.	unlösl.
11	unlösl.	lösl.	lösl.	lösl. heiß	erweicht	unlösl.	unlösl.
12	unlösl.	lösl.	lösl.	lösl. heiß	erweicht	unlösl.	unlösl.
13	unlösl.	wenig lösl.	lösl.	lösl. heiß	unlösl.	unlösl.	erweicht
14	unlösl.	lösl.	lösl.	lösl. heiß	unlösl.	unlösl.	unlösl.
15	unlösl.	wenig lösl.	lösl.	lösl. heiß	unlösl.	unlösl.	erweicht
16	unlösl.	wenig lösl.	wenig lösl.	lösl. heiß	unlösl.	unlösl.	unlösl.
17	unlösl.	wenig lösl.	lösl.	lösl. heiß	unlösl.	unlösl.	unlösl.
18	unlösl.	wenig lösl.	lösl.	lösl. heiß	unlösl.	unlösl.	unlösl.
19	unlösl.	lösl.	lösl.	lösl. heiß	unlösl.	unlösl.	erweicht

II. Die Darstellung der Sekundär-Acetate.

Eine Zunahme der Löslichkeit der primären Acetate durch milde Säurehydrolyse wurde im Laufe dieser Untersuchungen hauptsächlich nach 2 Methoden durchgeführt:

1. In Fällen, wo das primäre Acetat nicht ausgefällt wurde, führte ich die Verseifung direkt aus, d. h. durch langsames Verdünnen des Acetylierungsgemisches mit Wasser und nachherigem Reifen zwischen 40—50° C, bis das Acetat in Aceton vollständig löslich war. Dies wurde gewöhnlich nach 10—12 Stunden erreicht. Temperaturen über 50° C müssen auf jeden Fall vermieden werden, da die Eigenschaften des Acetats sonst leiden.

2. Wo die primären Produkte schon isoliert und gereinigt waren, wie bei den Präparaten 2—18, wurde die Verseifung durch Erwärmung mit einer Lösung von 95 vH Essigsäure bei 70° C, wobei die Verhältnisse ca. 3 Teile Essigsäure zu 1 Teil Acetat sind, erreicht. Die Temperatur des Gemisches wurde in einigen Fällen bei 50° C gehalten, bis das Acetat vollständig gelöst war, währenddem in andern Fällen es als vorteilhafter gefunden wurde, das Gemisch über Nacht bei normaler Temperatur stehenzulassen, wobei eine vollständige Lösung erhalten wird. Experimente zeigten, daß ein solcher Zustand unbedingt erforderlich ist für eine gleichmäßige Verseifung. Nachdem eine vollständige Lösung entstanden war, wurde die Temperatur langsam auf 70° C erhöht. Eine übermäßige Erhöhung der Temperatur muß vermieden werden, um eine Verkohlung und Verfärbung der Lösung zu verhindern. Die Temperatur wurde unter stetem und gutem Rühren zwischen 70—75° C gehalten, bis eine Probe des Acetats durch Fällen mit Wasser sofort weiß und undurchsichtig war. Es wurde gefunden, daß diese merkwürdige Veränderung im Aussehen, d. h. vom farblosen, durchsichtigen primären Acetat zum weißen, undurchsichtigen sekundären Produkt immer die erforderliche Änderung der Löslichkeit anzeigt. Große Sorgfalt ist bei der Ausführung dieser Methode erforderlich, und jedes Produkt benötigt individuelle Behandlung, um eine übermäßige Erhöhung der Temperatur bei der Verseifung zu vermeiden, und es ist viel besser, die Reaktionszeit zu verlängern. Dies widerspricht den Beobachtungen von Ost, der eine Verseifung bei 95° C vorschlägt. Meine Versuche zeigten aber, daß eine

Erhöhung der Temperatur niedrige Viscosität und spröde Produkte ergibt.

Die Erhöhung der Löslichkeit der primären Acetate Nr. 2—18 wurde nach der zweiten Methode ausgeführt, wobei Tabelle 7 die individuellen Behandlungen zusammenfaßt. Auf die Durchführung dieser vollständig homogenen Ausgangslösung kann nicht genug Gewicht gelegt werden. Ferner muß die Temperatur an der tiefstmöglichsten Grenze gehalten werden, um die nötige Löslichkeitserhöhung zu bekommen. Bei der Untersuchung der Versuche im kleinen stößt man hier auf keine Schwierigkeiten, wogegen sich solche bei Versuchen mit 1 kg empfindlich bemerkbar machen.

Tabelle 7. Darstellung der sekundären Acetate.

Probe-Nr.	Verseifungsdauer in Stunden	Temperatur °C		Essigsäuregehalt der sekundären Produkte	geb. H_2SO_4
		Min.	Max.		
2	7	50	60	57,1	keine
3	9	60	70	54,6	,,
4	12	60	70	53,5	,,
5	9	70	75	55,2	,,
6	10	70	80	54,5	,,
7	5	60	70	54,9	,,
8	8	65	70	52,9	,,
9	7	60	65	55,9	,,
10	8.	70	75	55,3	,,
11[1])	9	70	80	53,7	,,
12[1])	6	60	70	53,1	,,
13[1])	6	60	70	55,3	,,
14	8	65	70	51,3	,,
15	6,5	60	75	50,5	,,
16	7	65	70	55,9	,,
17	7	65	70	54,5	,,
18[1])	8	70	75	56,0	,,
19[2])	8,5	40	55	49,0	,,

In bezug auf leichtere Kontrolle und genauere Bestimmung des zu entstehenden Produktes ist die erstgenannte Methode besser. Wo es aber nicht wünschenswert ist, zuerst die primären Acetate zu isolieren, ist diese Methode natürlich nicht möglich.

---

[1]) Bei diesen Experimenten wurde das Acetat über Nacht vor der Verseifung stehengelassen, wobei eine gleichmäßige Lösung gesichert war.

[2]) Verseifung wurde hier ohne vorherige Isolierung des primären Produktes ausgeführt.

III. Eigenschaften der sekundären Acetate.

Im Aussehen sind die sekundären Acetate von den primären Produkten insofern verschieden, daß diese weiß, undurchsichtig und von faseriger Struktur sind. Sie zeigen auch einen großen Unterschied in der Löslichkeit, da sie in den meisten organischen Lösungsmitteln, außer in Chloroform, löslich sind. Der Essigsäuregehalt dieser Derivate ist viel tiefer als bei den primären Produkten, und die Gegenwart von gebundener Schwefelsäure konnte nicht festgestellt werden.

Tabelle 8. Löslichkeit der sekundären Acetate.

Probe-Nr.	Wasserfreies Aceton	Chloroform	Alkohol	Benzol	Alkohol-Benzol	Essigäther	Eisessig
1	lösl.	unlösl.	unlösl.	unlösl.	lösl.	lösl.	lösl.
2	lösl.	unlösl.	schwer lösl.	schwer lösl.	lösl.	lösl.	lösl.
3	lösl.	unlösl.	unlösl.	unlösl.	lösl.	lösl.	lösl.
4	lösl.	unlösl.	unlösl.	unlösl.	lösl.	lösl.	lösl.
5	lösl.	unlösl.	unlösl.	unlösl.	schwer lösl.	lösl.	lösl.
6	lösl.	unlösl.	unlösl.	unlösl.	schwer lösl.	lösl.	lösl.
7	lösl.	unlösl.	schwer lösl.	schwer lösl.	lösl.	lösl.	lösl.
8	lösl.	unlösl.	lösl.	schwer lösl.	lösl.	lösl.	lösl.
9	lösl.	unlösl.	wenig lösl.	wenig lösl.	lösl.	lösl.	lösl.
10	lösl.	unlösl.	wenig lösl.	wenig lösl.	lösl.	lösl.	lösl.
11	lösl.	unlösl.	unlösl.	unlösl.	schwer lösl.	schwer lösl.	lösl.
12	lösl.	unlösl.	unlösl.	unlösl.	schwer lösl.	wenig lösl.	lösl.
13	lösl.	unlösl.	wenig lösl.	schwer lösl.	lösl.	wenig lösl.	lösl.
14	lösl.	unlösl.	erweicht	schwer lösl.	lösl.	schwer lösl.	lösl.
15	lösl.	unlösl.	wenig lösl.	wenig lösl.	lösl.	schwer lösl.	lösl.
16	lösl.	unlösl.	erweicht	wenig lösl.	lösl.	wenig lösl.	lösl.
17	lösl.	unlösl.	schwer lösl.	schwer lösl.	lösl.	wenig lösl.	lösl.
18	lösl.	unlösl.	fast unlösl.	fast unlösl.	lösl.	lösl.	lösl.
19	lösl.	unlösl.	wenig lösl.	schwer lösl.	lösl.	lösl. heiß	lösl. heiß

IV. Bestimmung des Essigsäuregehaltes.

Im Laufe dieser Bestimmung wurde durchwegs Toriis' Methode[20] der Alkaliverseifung mit einigen Modifikationen verwendet. 0,5 g des Acetats, fein gepulvert und wasserfrei, wurde mit 2 cc absolutem Alkohol angefeuchtet und während 75 Minuten bei Zimmertemperatur mit 10 cc $^1/_1$ N Natronlauge stehengelassen, wobei regelmäßig geschüttelt wurde. Das Gemisch wurde dann mit 100 cc Wasser verdünnt und titriert, zuerst mit $^1/_1$ N und schließlich mit $^1/_{10}$ N Schwefelsäure (Indicator: Phenolphtalein).

Bei dieser Bestimmung müssen alle Einzelheiten mit Sorgfalt behandelt werden, um gute Resultate zu erhalten, wobei speziell die folgenden Punkte von Wichtigkeit sind: In allen Fällen müssen die Acetate für die Analyse aufs feinste pulverisiert werden, so daß die Verseifung überall mit gleicher Leichtigkeit vor sich gehen kann. Genaue Innehaltung der Verseifungszeit ist auch nötig, da, wenn die Zeit zu lang bemessen wird, das Cellulosemolekül abgebaut werden kann und folglich zu hohe Resultate erhalten werden, ein Nachteil, den Frey festgestellt hat. Es wurde gefunden, daß die Verwendung von verdünnter Säure am Ende der Titration die Genauigkeit der Bestimmung wesentlich erhöht. Trotzdem diese Art der Bestimmung nicht so genau wie einige der schon erwähnten Methoden ist, kann man sie zu einer raschen Bestimmung als sehr zweckmäßig empfehlen.

Zum Zwecke der Vergleichung werden die Resultate durchwegs als Hundertteile Essigsäure angegeben, der korrespondierende Acetylgehalt kann durch Multiplikation mit dem Faktor 0,717 erhalten werden.

V. Bestimmung der gebundenen Schwefelsäure.

Die qualitative Analyse zeigte, daß die meisten Produkte von gebundener Schwefelsäure frei waren. Wo dies nicht zutraf, wurde die Bestimmung nach der Methode von Entat und Vulguin ausgeführt. — 10 g Celluloseacetat werden mit 200 cc Wasser während einer halben Stunde digeriert, worauf das Gemisch filtriert und die im Filtrat vorhandene Schwefelsäure auf gewöhnliche Art bestimmt wird.

VI. Die Darstellung von Cellulose-Acetatlösungen in Aceton.

Große Vorsicht war nötig bei der Darstellung von Celluloseacetatlösungen, die für spätere Viscositätsbestimmungen verwendet wurden. Zweimal destilliertes Aceton wurde in allen Fällen verwendet, das aber nicht wasserfrei zu sein braucht. Bei den primären Acetaten wurde das Lösungsmittel langsam unter gutem Rühren und gelindem Erwärmen hinzugefügt, wodurch die Gefahr des Wiederausfällens des Esters durch einen Überschuß an Aceton vermieden wurde. In allen Fällen wurde die minimale Temperatur, die zur Erreichung einer vollständigen Lösung nötig war, angewandt, da gefunden wurde, daß eine zu hohe Temperatur die Koagulationsgeschwindigkeit der Lösung erhöht; eine Eigenschaft, die jedoch nur den primären Derivaten eigen ist. Die dargestellten Lösungen waren etwas verdünnter als nötig und wurden vor der Filtration 2 Tage stehengelassen. Während dieser Zeit setzten sich die Unreinigkeiten und unveränderte Cellulose zu Boden, worauf die überstehende Lösung dekantiert und mit dem Apparat wie Abb. 2 filtriert wurde. Nach vielen Experimenten mit verschiedenen Filtermaterialien wurde gefunden, daß abwechselnde Schichten von Filz und Seidentaft auf der Filterplatte sich am besten eigneten. Die benötigte Anzahl variierte, aber im allgemeinen genügten je 3 Schichten. Die Filtration wurde zwischen 40—45° C ausgeführt, indem man zuerst die Temperatur des ganzen Apparates erhöhte. Der Druck[1]) wurde so reguliert, daß die Lösung unten als konstant fließender Strahl herauskam. Zu großer Druck konnte nicht angewandt werden. Bei den primären Lösungen war der benötigte

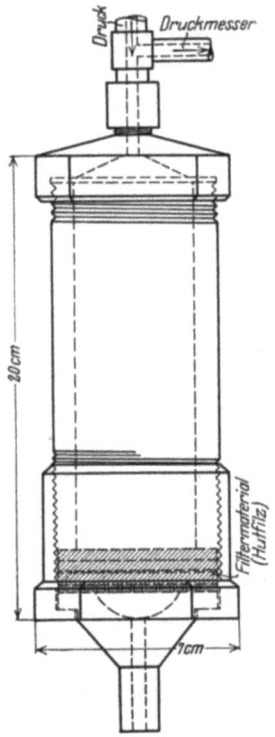

Abb. 2. Der Filter.

---

[1]) Mit kombiniertem Stickstoff erzeugt.

Druck viel höher, da diese Produkte sich wegen ihrer kolloiden Struktur schwerer filtrieren lassen. Im allgemeinen variierte der Druck zwischen 4—20 Atm. Manchmal war es nötig, die Filtration einige Male zu wiederholen, bis eine klare Lösung erhalten wurde, aber dieser Prozeß ist heikel und sollte, wenn immer möglich, vermieden werden. Die so hergestellten Lösungen wurden in geschlossenen Flaschen vor Gebrauch aufbewahrt, so daß gewöhnlich die Viscositätsbestimmungen erst 4 Tage nach der Herstellung der Lösung ausgeführt wurden. Diese Zeit genügte vollständig, um eine ganz homogene Lösung zu erhalten.

VII. Bestimmung der Viscosität.

Der schon erwähnte Apparat, der bei den Viscositätsbestimmungen dieser Acetatlösungen verwendet wurde, ist in Abb. 3 dargestellt. Er besteht hauptsächlich aus einer Capillare „A" mit bekannter Länge und Durchmesser, der eine Kugel „B" mit bekanntem Volumen aufgesetzt ist (Glasschliff). Es ist vorteilhafter, wenn diese beiden Teile aus 2 separaten Stücken bestehen, da so die gleiche Kugel für eine ganze Anzahl Capillaren verwendet werden kann, und ein rasches Reinigen ermöglicht wird. Die Flasche mit der zu untersuchenden Lösung wird mittels eines zweilochigen Gummistopfens an der Capillare befestigt, wobei das andere Ende der Capillare offen bleibt. Die verwendete Flasche soll

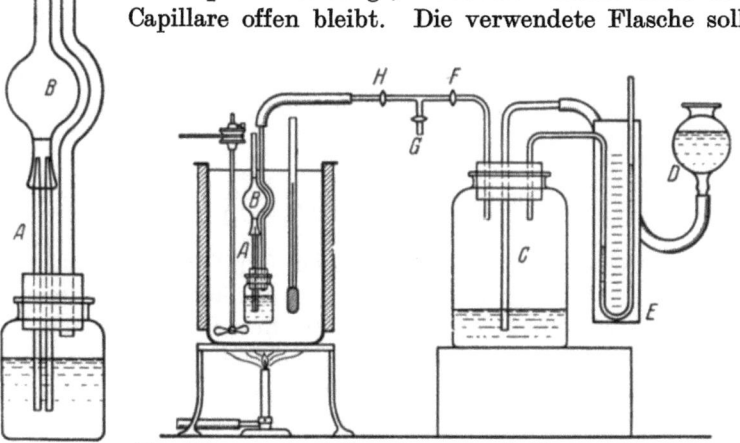

Abb. 3. Viscositätsapparat mit Vergrößerung der Capillare und Kugel.

so klein wie möglich sein, so daß ihr Inhalt ungefähr gleich dem Inhalt der Kugel ist, und soll mit einem Glasstopfen versehen sein. Das zweite Loch des Stopfens dient zur Herstellung einer Verbindung mit dem Druckapparat. Die Dreiliterflasche ,,C", zum Teil mit Wasser gefüllt, ergibt einen gleichmäßigen Druck. Der Druck kann durch Heben oder Senken der Kugel ,,D" variiert werden und wird am Wassermanometer ,,E" abgelesen. Die Bewegung der Lösung in der Capillare wird mit den 3 Hähnen ,,F", ,,G" und ,,H" kontrolliert. Die Capillare selbst befindet sich in einem Thermostaten, so daß die Temperatur der Lösungen nach Belieben variiert und exakt kontrolliert werden kann.

Bevor die Bestimmung bei irgendeiner bestimmten Temperatur ausgeführt werden kann, muß die Capillare während einer halben Stunde im Thermostaten verbleiben, um eine möglichst gleichmäßige Temperatur anzunehmen. Die Hähne ,,F" und ,,G" werden nun geschlossen und die Kugel ,,D" gehoben, bis genügend Druck erreicht wird. Dieser variiert natürlich bei jeder Lösung und läßt sich nur durch Experimente feststellen. Der Hahn ,,F" wird nun geöffnet und die Zeit, die die Lösung braucht, um das Volumen zwischen den Marken an den Enden der Kugel ,,B" zu füllen, mittels einer Stoppuhr notiert. Darauf wird der Hahn ,,F" geschlossen und der Druck durch Senken der Kugel ,,D" vermindert, worauf ,,F" wieder geöffnet wird, und die Zeit des Fallens der Flüssigkeit notiert. Auf diese Weise sind nur 4 Ablesungen zu jeder Bestimmung nötig, nämlich die Zeit ,,t_1", wenn das Volumen ,,V" in die Capillare durch den Druck ,,p_1" gepreßt wird, und die Zeit ,,t_2", wenn das gleiche Volumen mit dem Druck ,,p_2" fällt. Bei jeder bestimmten Temperatur haben wir also:

$$\text{Viscosität} = \frac{(p_1 - p_2)\, \pi\, r^4\, t_1\, t_2}{8\, V\, l\, (t_1 + t_2)},$$

wobei l die Länge und r der Radius der Capillaren in Kubikzentimeter ist. Die nötige Zeit zu einer vollständigen Bestimmung nach dieser Methode beträgt 10—20 Minuten, je nach der Viscosität der Lösung. Im vorliegenden Fall wurden als Mittel 3 Bestimmungen bei jeder Temperatur angenommen.

Trotzdem die Methode in ihrer Anwendung sehr einfach ist, waren doch einige vorausgehende Experimente notwendig, um die besten Arbeitsverhältnisse ausfindig zu machen. Dies bezieht sich hauptsächlich auf den Druck, der zum Pressen der Lösung durch die Capillare verwendet werden muß. Dieser muß groß genug sein, um ein gleichmäßiges Fließen der Lösung in die Kugel zu erlauben. Zu großer Druck ruft zu große Geschwindigkeit hervor, während zu kleiner Druck unregelmäßiges Fließen, ja sogar Stillestehen der Lösung bewirken kann. Deshalb mußte ein Experiment bei jeder Temperatur der Lösung vorausgehen, damit ich den besten Druck feststellen konnte. Das gleiche gilt auch vom Fallen der Lösung. Es wurde gefunden, daß die Capillare 4 mm vom Boden der Flasche entfernt sein muß, um konstante Resultate zu erhalten. Ist sie zu nahe, so wird das Fließen der Flüssigkeit beeinträchtigt, und man erhält zu hohe Resultate.

Zu allen diesen Untersuchungen wurde die gleiche Capillare und Kugel verwendet, so daß irgendein Fehler bei der Bestimmung ihrer Maße konstant bleibt. Experimente zeigten, daß es auch möglich ist, eine größere Capillare zu verwenden, wenn man es mit Lösungen von größerer Viscosität zu tun hat. Daß aber eine Grenze gezogen werden muß, ist klar, ansonst die Genauigkeit der Bestimmung leidet. Bevor die Viscositätsbestimmungen ausgeführt werden konnten, wurde der Apparat mit reinem Glycerin geeicht, wie folgt:

Tabelle 9. Konstanten des Viscositätsapparates.
Volumen der Kugel = 2,822 cc.
Länge der Capillare = 10,00 cm.
Durchmesser der Capillare = 0,1151 cm (berechnet).

Eichung des Apparates mit Glycerin.

Temperatur °C	Gefundene Viscosität	Beobachtete Viscosität	Beobachtet von
20,3	8,33	8,30	Schöttner
26,5	4,93	4,94	,,

Auf diese Art wurde die Viscosität der beiden Reihen von Acetonlösungen bei einer Temperatur von ca. 40°C bestimmt und die Resultate zusammen mit den Konzentrationen, die als Gramm pro 100 cc Lösung und in Hundertteilen angegeben sind, zusammengefaßt.

34   Untersuchungen im Halbgroßen.

Nachdem die Viscosität einer Lösung bei bestimmter Temperatur als Mittel dreier Bestimmungen erhalten war, wurde die Flasche mit der Lösung entfernt und mit Paraffin verschlossen. Dabei wurde Sorge getragen, daß kein Aceton verdampfte. Die Lösung wurde einige Zeit stehengelassen und ihre Viscosität nach ca. 1 Monat wieder bestimmt. Auf diese Weise, indem man also immer die gleiche Lösung verwendete, wurde jede Änderung der Viscosität mit einem minimalen Fehler beobachtet.

Wie aus den folgenden Tabellen 10 und 11 ersichtlich ist, wurden die Viscositäten einer bestimmten Lösung bei konstanter Temperatur in verschiedenen Konzentrationen bestimmt. Diese Resultate zeigen, daß die Viscosität mit der Konzentration rasch zunimmt, obschon zwischen den beiden Faktoren kein Zusammenhang besteht.

Viscositätsbestimmungen der gleichen Lösung wurden auch bei verschiedenen Temperaturen ausgeführt. Die allmähliche

Tabelle 10.
Viscosität der primären Acetate in Acetonlösung.

Probe-Nr.	Temperatur °C	Konzentration		Viscosität		
		vH	g/100 cc	nach 4 Tagen	nach 2 Mon.	nach 3 Mon.
2 C_1	35,0	6,3	6,82	1,3	2,02	2,14
C_2	35,0	8,6	9,33	9,3	10,21	10,3
7 C_1	38,4	5,83	6,3	3,04	3,28	3,26
C_2	39,6	6,8	7,35	5,9	8,16	8,25
C_3	39,6	11,17	12,32	8,5	8,94	9,01
8 C_1	39,6	10,3	11,46	5,87[1])	2,34 $\times$ 10^{-2} [1])	gelat.[1])
11 C_1	37,6	5,75	6,21	1,43	2,01	2,34
C_2	38,6	6,84	7,34	1,97	3,55	gelat.
12 C_1	39,4	7,96	8,60	1,65	2,06	2,19
C_2	40,0	16,2	17,5	3,93	gel.	gelat.
13 C_1	39,2	7,79	8,61	5,45	10,50	11,0
14 C_1	39,6	6,39	6,90	44,9 $\times$ 10^{-2}	gel.	gelat.

Bemerkungen. Viscositätsbestimmungen wurden nur bei denjenigen primären Produkten ausgeführt, die eine wirkliche Lösung in Aceton ergaben. Eine Anzahl der übrigen Produkte waren zum Teil in warmen Lösungsmitteln löslich, waren aber von kolloidaler Natur. Da die Lösung des Produktes Nr. 13 sich als teilweise kolloidal erwies, gab sie zu hohe Resultate und zeigte merkwürdigerweise keine Tendenz zu koagulieren.

---

[1]) Die Bestimmungen bei Nr. 8 wurden in Zeiträumen von 3, 12 und 48 Stunden nach der Darstellung und Filtration der Lösung durchgeführt.

Tabelle 11.
Viscosität der sekundären Acetate in Acetonlösung.

Probe-Nr.	Temperatur °C	Konzentration		Viscosität	
		vH	g/100 cc	nach 4 Tagen	nach 28 Tagen
1 C_1	39,8	9,5	9,9	1,42	1,40
C_2	40,2	11,1	12,02	3,56	3,58
2	39,6	11,9	12,42	2,98	2,88
3	39,7	13,4	14,9	1,93	1,90
4	39,6	9,49	10,01	3,56	3,65
5	39,6	7,35	7,66	5,21	5,10
7	39,6	10,7	11,29	5,06	4,94
8	39,6	12,2	13,3	4,42	4,00
9	39,8	10,7	11,48	2,97	3,03
10	39,5	11,9	12,56	5,47	5,71
11	39,6	11,6	12,35	$61,1 \times 10^{-2}$	$59,2 \times 10^{-2}$
12	39,6	13,4	14,76	1,60	1,64
13	39,6	12,15	13,31	2,35	2,36
14 C_1	39,6	10,3	11,32	1,86	1,92
C_2	39,6	13,0	14,72	9,16	9,02
15 C_1	39,6	9,68	10,96	1,46	1,55
C_2	39,6	12,3	13,3	9,32	gel.
16	39,0	10,7	11,31	2,63	2,68
17	39,6	11,8	13,08	3,97	3,96
18	39,6	11,3	12,64	2,60	2,69
19	40,0	20,0	22,36	$35,3 \times 10^{-2}$	$37,0 \times 10^{-2}$

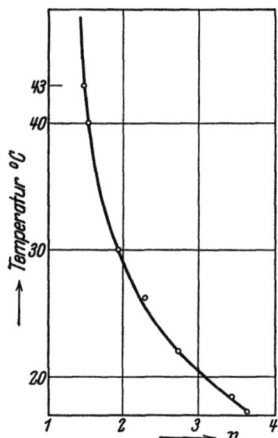 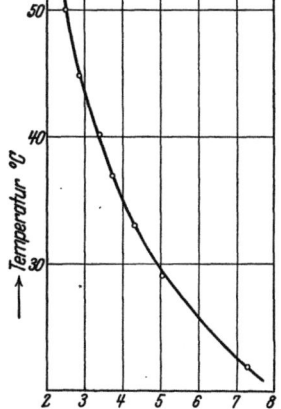

a. Lösung vom primären Produkt Nr. 2. Konzentration 6,07 %.

b. Lösung von Acetatseide. Konzentration 11,7 %.

Abb. 4 a und b. Viscosität-Temperaturkurven für Celluloseacetatlösungen in Aceton.

Abnahme der Viscosität einer Lösung bei steigender Temperatur ist für eine Lösung von Kunstseide in Aceton in Abb. 4 a und 4 b graphisch dargestellt; desgleichen für eine Lösung des primären Produktes Nr. 2 im gleichen Lösungsmittel. Hieraus ist ersichtlich, daß eine Konstanz der Viscosität bei 40°C mehr oder weniger erhalten wird. Ferner bewiesen diese Experimente, daß der Apparat zu raschen und genauen Viscositätsbestimmungen gut verwendbar ist. Die Resultate waren alle übereinstimmend und die zur Bestimmung nötige Zeit nur um ein weniges größer als die Zeit, die der Thermostat brauchte, um in jedem Falle eine konstante Temperatur anzunehmen. Es wurden auch Viscositätsbestimmungen bei nur einigen Graden unter dem Siedepunkt des Lösungsmittels gut ausgeführt.

VIII. Veränderung der Viscosität in Lösungen von Celluloseacetat.

Experiment a. 10 g des sekundären Produktes Nr. 19 wurden sofort nach vollendeter Verseifung 12 Stunden in fließendem Wasser gewaschen, ausgepreßt und bei 40°C langsam getrocknet. Am Ende dieser Behandlung hatte das Produkt noch einen schwachen Geruch von Essigsäure. Es wurde darauf auf dem gewöhnlichen Wege in Aceton gelöst, filtriert und die Viscosität bestimmt. Diese Bestimmung wurde in Intervallen von einer Woche wiederholt.

Dieses Experiment wurde mit einem zweiten Teil des Produktes Nr. 19 wieder durchgeführt, wobei aber alle Essigsäure ausgewaschen wurde, was 4 Tage in Anspruch nahm.

Tabelle 12.
Viscositätsveränderungen in Acetonlösungen.

	Essigsäuregehalt	Konzentration der Acetonlösungen		Temperatur	Viscosität der Lösung		
		p. 100 cc g	vH	°C	anfängl.	1 Woche	2 Wochen
a) Produkt 19 nach 12 stünd. Waschen . . .	52,8	27,58	25,0	40,0	1,55	1,71	1,90
b) Produkt 19 nach 4 Tage Waschen . . .	49,0	22,36	20,0	40,0	35,3	—	34,8

Die erhaltenen Resultate sind in Tabelle 10 zusammengefaßt. Es ist leicht zu ersehen, daß, während die Lösung des vollständig gereinigten Produktes eine konstante Viscosität aufweist, diejenige des weniger gereinigten Produktes beim Stehen unbeständig wurde. Diese Tatsache betont die Wichtigkeit einer vollständigen Reinigung des Produktes nach Acetylierung oder Verseifung. Nur unter dieser Bedingung können Lösungen von konstanter Viscosität erreicht werden.

Experiment b. Dieses Experiment wurde ausgeführt, um den Einfluß des Ausfällens auf die Viscosität der sekundären Lösungen zu untersuchen. 10 g des sekundären Produktes Nr. 2 wurden in Aceton gelöst, filtriert und die Viscosität bei einer bestimmten Temperatur und Konzentration bestimmt. Indem man die Lösung zu einem Überschuß von Wasser fügte, wurde das Produkt ausgefällt. Nachdem es abfiltriert und bei 40—50° C getrocknet war, wurde es wieder in Aceton gelöst und die Viscosität wie vorher bestimmt. Ferner wurde der Essigsäuregehalt des ursprünglichen und des ausgefällten Produktes bestimmt. Gefunden wurde, daß, wenn sich alle andern Bedingungen glichen, sich die Viscosität und der Essigsäuregehalt durch das Ausfällen verminderten.

Tabelle 13.
Viscositätsveränderung nach dem Ausfällen.

	Essigsäuregehalt	Konzentration der Lösungen		Temperatur °C	Viscosität
		p. 100 cc g	vH		
Lösung von Prod. Nr. 2 in Aceton	57,1	7,26	7,02	39,6	$80,9 \times 10^{-2}$
Lösung von Prod. Nr. 2 in Aceton nach d. Ausfällen	56,4	8,28	7,61	39,6	$80,8 \times 10^{-2}$

IX. Die Viscosität als Kontrolle der Verseifung.

Es wurde gefunden, daß, wo die Viscositätsbestimmungen rasch ausgeführt werden können, sie zur Kontrolle der Verseifung der primären Acetate brauchbarer sind, als eine Bestimmung der Löslichkeit, da letztere oft zweideutig und irreführend ist. Neben der zeitweisen Untersuchung der Löslichkeit des Produktes wurden auch Proben des Verseifungsgemisches mit Wasser ausgefällt. Diese wurden rasch und unter gutem Rühren gewaschen, ausgepreßt und nach Behandlung mit Alkohol und Äther getrocknet. Darauf wurde das Produkt bei Zimmertemperatur unter Rühren in Aceton aufgelöst und nach der Filtration die Viscosität und Konzentration der Lösung bestimmt. Wenn der nötige Apparat zur Bestimmung gut vorbereitet gewesen war, so dauerte die ganze Prozedur kaum eine Stunde, und mit den erhaltenen Viscositätszahlen als Richtlinie wurde die Gefahr einer zu starken Verseifung auf ein Minimum beschränkt.

Literaturverzeichnis.

1. Chardonnet: D.R.P. 38368, Kl. 29; 46125, Kl. 12; 56331, Kl. 29; 56655, Kl. 78; 64031, Kl. 78; 81899, Kl. 29.
2. Despassis: F.P. 203741 (1890).
3. Pauly: E.P. 28631; U.S.P. 617009; D.R.P. 98642 (1897).
4. Eggert, J.: Die Herstellung und Verarbeitung der Viscose.
5. Schuetzenberger: Comptes Rendus, 1865, 60, 485, 486.
6. Franchimont, A.: Comptes Rendus, 1879, 89, 711, ibidem 1881, 92, 1053.
7. Krais, P.: Textilindustrie, 1924, 83.
8. Textile Forschung, 1922, 126.
9. Nichtveröffentlichte Methode.
10. Ost, H.: Z. angew. Chem., 1919, 32, 66—70, 76—79, und 82—89.
11. Cross u. Bevan: J. Soc. Dyers and Colourists, 1920, 36, 19.
12. Chaille, A.: Chim. et Ind., 1924, 12, 441—448.
13. Siehe Hottenroth: Die Kunstseide.
14. Irvine, J. C., u. Hirst, E. L.: J. Soc. Trans., 1923, 123, 518.
15. Haworth, W. N., u. Leitch, G. C.: Ibid., 1918, 113, 188.
16. Frey, K.: Dissertation, Zürich, 1926.
17. Entat, M., u. Vulguin, E.: Ann. Chim. Analyt., 1922, 4, 131—135.
18. Esselen, G. T.: J. Soc. Ind. Eng. Chem., 1920, 12, 801—803.
19. Bayer & Co., F.: F.P. 317007 (siehe Anhang Nr. 21).
20. Torii, O.: J. Soc. Chem. Ind., Japan, 1922, 25, 110—131.

Anhang.
Zusammenfassung der Patentliteratur.
Acetylierung.

1. Cross u. Bevan: E.P. 9676 (1894), D.R.P. 85329, sowie A. Wohl: D.R.P. 139669 (1899). Celluloseacetat wurde hergestellt durch Erwärmung von Hydrocellulose und Acetylchlorid in Gegenwart eines Katalysators (Zinkchlorid).
2. Cross u. Bevan: D.R.P. 86368, 105347, 112817. Sind ähnlich wie die ersten Patente, nur wurde als Katalysator Magnesiumchlorid statt Zinkchlorid verwendet.
3. Althouse: U.S.P. 692497 (1902), nach Stahamer: D.R.P. 123121, 123122 (1900). Die Veresterung wird durch Chlorierung von Cellulose in Eisessig mit Acetylchlorid und Schwefelsäure bewirkt. Siehe auch Cross u. Weber, C. O.: E.P. 18238 (1898), 22029 (1898).

Heute wird die Veresterung von Cellulose allgemein mit Hilfe von Essigsäureanhydrid ausgeführt in Gegenwart eines Katalysators.

5. Lederer: E.P. 11749 (1900), D.R.P. 118538 (1899), 120713, 163316 und 200916. Diese Patente zeigen, daß es möglich ist, Cellulose bei tiefer Temperatur zu verestern durch Vorbehandlung mit Schwefelsäure. Nach diesen Patenten wird Cellulose mit wenig Schwefelsäure in Gegenwart von Eisessig auf 60—70° C erwärmt und nachher mit Essigsäureanhydrid oder Acetylchlorid behandelt; hierbei tritt Hydrolysierung gleichzeitig mit Acetylierung auf.

Katalysatoren.

Viele Patente, die sich mit der Herstellung der Celluloseacetate befassen, sind nur in bezug auf die angewandten Katalysatoren verschieden. Der technisch wichtigste Katalysator, der am schnellsten von allen wirkt, ist Schwefelsäure, nur muß er mit größter Vorsicht angewandt werden. Eine ganze Reihe verschiedener Schwefelsäurederivate ist für die Verwendung als Katalysator ohne praktische Bedeutung geblieben; am wichtigsten sind die folgenden:

6. Mork Little & Walker: U.S.P. 709922, haben Phenol und Naphtholsulfonsäuren vorgeschlagen, aber
7. Pauthonier: E.P. 27101 (1909, F.P. 409465, hat gefunden, daß auch Sulfonfettsäuren (z. B. Resorcinsulfosäure) als Katalysatoren wirksam sind.

In ähnlicher Weise wirken die Verbindungen, welche Schwefelsäure abzuspalten vermögen:

8. **Chem. Fabrik Flora:** U.S.P. 826229, E.P. 9998 (1905).
Dimethylsulfat. Vgl. Soc. Chim. des Usines du Rhone: E.P.
7773 (1915), 10822 (1915).
9. **Dreyfus, H.:** F.P. 430606 und 413671, Ätherschwefelsäuren
und Nitrosylsulfat (Bleikammerkrystalle).
10. **Farbenfabriken, vorm. Friedr. Bayer & Co.:** D.R.P.
237765 und 237766, sowie **Chem. Fabrik v. Heyden:** F.P. 432179,
E.P. 24382 (1910), Sulfurylchlorid, Pyrosulfurylchlorid, Chlorsulfonsäure.
Andere Schwefelsäurederivate sind nach
11. **Claesen, C.:** D.R.P. 22450, Pyridinsulfat und dessen Homologe.
12. **Soc. Anonyme d'Explosifs:** F.P. 385180, Sulfoessigsäure.
13. **Knoll & Co.,** D.R.P. 180666, 180667, Österr.P. 33508, E.P.
2026 (1907).
14. **Landsberg:** F.P. 316500 (1901), E.P. 4886 (1902), sowie
Bolston & Briggs: E.P. 10243 (1903), haben die Verwendung von
Phosphorsäure an Stelle der Schwefelsäure vorgeschlagen.
15. **Miles, G. W.:** U.S.P. 733729 (1903), dagegen verwendete
Mineralsäureanhydrid als Katalysator.
Ganz andere Säuren, speziell einbasische flüchtige Mineralsäuren,
wurden vorgeschlagen, sind aber technisch bedeutungslos.
16. **Knoll & Co.:** D.R.P. 201333, E.P. 2626B (1907), U.S.P.
891218, F.P. 373994, verwendete Salzsäure, Brom- oder Jodwasserstoffsäure und Salpetersäure.
17. **Sthamer:** F.P. 308506 (1911), hat bei der Acetylierung die
katalytische Wirkung von Salzsäuregas ausgenützt.
18. **A.-G. für Anilinfabrikation:** D.R.P. 198482, F.P. 368728,
sowie **Knoll & Co.:** D.R.P. 203642, haben die Verwendung von Chloressigsäure oder deren Homologe vorgeschlagen.
19. **Knoll & Co.:** D.R.P. 203178, Österr.P. 41831, E.P. 2026A
(1907). In diesem Fall wurde Zinkchlorid als Katalysator gebraucht.
Es wirkt wesentlich milder als Schwefelsäure.

Acetylierungsprozeß.

Herstellung des chloroformlöslichen Triacetates.

Zu den vorgenannten Patenten zur Herstellung der Celluloseacetate kommen noch die folgenden:
20. Bei **Lederer:** F.P. 319848 (1902), vergl. F.P. 320885, wird
die Darstellung in 2 Stufen ausgeführt, die Cellulose zuerst mit einer
bestimmten Menge von Schwefelsäure hydrolysiert und nachher verestert durch Einwirkung von Essigsäureanhydrid. Vrgl. Soc. Chim.
des Usines du Rhône: F.P. 473399 (1914), E.P. 8046 (1915), E.P.
146092 (1920).
21. **Bayer & Co.:** F.P. 317007, stellt Celluloseacetate dar durch
Erwärmung von 2 kg Cellulose mit einem Gemisch von 8 kg Essigsäureanhydrid, 8 kg Eisessig und 400 g konzentr. Schwefelsäure bei
20—25° C während 10 Stunden.
22. Ähnlich sind **Bayer & Co.:** D.R.P. 153350, 252706, E.P.
7346 (1903), E.P. 21628 (1901), 14271 (1910).
23. **Miles G. W.:** F.P. 358079, vgl. U.S.P. 733729 (1903).

Zusammenfassung der Patentliteratur. 41

24. Eichengrün & T. Becker (Deutschland): U.S.P. 809935 (1906) Über die Darstellung der Celluloseacetate:
25. Soc. l'Oyonnithe: F.P. 427265 (1911), haben als Acetylierungsbad ein Gemisch von 400 Teilen Eisessig, 300 Teilen Essigsäureanhydrid, 20 Teilen Ammoniumbisulfat (trocken) und nachher 100 Teilen Cellulose bei 50^0 C dazugegeben.
26. Soc. l'oyonnaxienne: F.P. 432751 (1911). Ein Gemisch von 10 Teilen Cellulose, 200 Teilen Eisessig, 25 Teilen „Oleum" und 100 Teilen Tetrakohlenstoff wird mit Rückflußkühler bei 65^0 C während einer Stunde erhitzt.
27. Paschke (Safety Celluloid Co.): E.P. 15868 (1912). Hat ein gewöhnliches Acetylierungsbad gebraucht, aber mit 2,5 vH Kupfersulfat (trocken). Nachher wurde Chlor als Deacetylierungsmittel verwendet.
28. Safety Celluloid Co.: F.P. 458263 (1913), vgl. E.P. 15868 (1912).

Herstellung des acetonlöslichen Acetates.
Löslichkeitsveränderung und verwandte Prozesse.

29. Miles G. W.: D.R.P. 252706 (übertragen auf Farbenfabriken vorm. Friedr. Bayer & Co.), U.S.P. 838340 (1904), E.P. 19330 (1905). War der erste, welcher das reine acetonlösliche Acetat herstellte. Die folgende Vorschrift ist gegeben: 100 Teile Cellulose werden mit 10—20 Teilen konzentr. Schwefelsäure 8 Stunden lang bei 60—70^0 C behandelt, dann in den klaren Sirup zum „Hydratisieren" 40—50 Teile einer Mischung von 100 Teilen Eisessig, 90 Teilen Wasser und 10 Teilen konzentr. Schwefelsäure eingerührt, 12 Stunden lang bei 50^0 C erwärmt, und das nunmehr acetonlösliche Produkt durch viel Wasser ausgefällt.
30. Knoll & Co.: D.R.P. 297507 (1912), hat die Umwandlung durch Erwärmung der primären Acetate mit wenig Wasser und Bisulfaten, neutralen Sulfaten oder schwachen Basen (z. B. Methylaminsulfat) ausgeführt.
Andere Umwandlungsmittel von der vorgenannten Firma sind wie folgt:
31. Das Zusatzpatent D.R.P. 303530 verwendete statt Sulfate neutrale Lösungen von Nitraten oder Chloriden.
32. Beim Zusatzpatent D.R.P. 305348 werden die primären Acetate mit 94 vH Essigsäure ohne Katalysator auf 100^0 C erhitzt.
33. Zusatzpatent D.R.P. 306131. Hier ist die Löslichkeitsänderung ohne Wasser, durch Erhitzen mit Eisessig und wenig Alkohol (Glycerin) mit oder ohne Katalysator erreicht worden.
34. Verein für Chemische Industrie Frankfurt a. M.: D.R.P. 335359, 339824, F.P. 455117. Diese Patente sind ähnlich. Die primären Acetate werden mit 95 vH Essigsäure auf 100—110^0 C erwärmt.
35. Farbenfabriken vorm. Friedr. Bayer & Co.: E.P. 24067 (1906), F.P. 371447. Acetonlösliche Acetate entstehen beim Stehenlassen vom trockenen primären Acetat mit 10 vH Mineralsäuren.
36. Schering & Loose: E.P. 27227, F.P. 452347. In diesem Fall bekommt man ein acetonlösliches Produkt durch Erwärmen des primären Acetates mit Anilin.

37. **Chem. Fabrik von Heyden**: F.P. 438649. Lösliche Acetate (Essigsäuregehalt 52—54 vH) entstehen durch Behandlung von primären Produkten mit 55—62 vH Schwefelsäure während 1 bis 6 Stunden.

38. **Colloschon (Frankfurt)**: U.S.P. 1109512, vergleiche F.P. 455117.

Viele Patente sind von Dreyfus ausgegeben, die meisten vom technischen Standpunkt aus als die wichtigsten betrachtet werden, obschon man sieht, daß viele davon nur Modifikationen der früheren Patente von Bayer darstellen, während andere so irreführend sind, daß ihnen jeglicher Wert abgeht.

Diese Patente sind insofern wichtig, daß zum erstenmal die zur Reaktion nötige Temperatur genauer kontrolliert wurde. Als Umwandlungsmittel verwendete Dreyfus Mineral- und organische Säuren. Ohne weiteren Kommentar folgt eine vollständige Liste der Patente.

39. **H. Dreyfus**: E.P. 20975 (1911), 20976 (1911), 20977 (1911), 20978, 20852 (1911), 6463 (1915), 100009 (1916), 14101 (1915), 101555 (1916), 17920 (1915), 100180 (1916), 100450 (1916), 100452 (1916), 114304 (1918), 125113, 127615 (1917).

U.S.P. 1181857 (1916), 14338 (1917), 1181858 (1916), 1181859 (1916), 1217722 (1917), 1242783 (1917), 1181860 (1916), 1280974 (1918), 1278885 (1918), 1283115 (1918), 1286172 (1918), 1280975 (1918), 1286255 (1918), 1286256 (1918).

F.P. 432046, 432046/14558, 432046/14559, 432046/14783, 432046/15933, 432046/16316, 432046/16494, 432047, 432047/19679, 432264, 432264/19680, 432264/19685, 432264/19687, 432264/20264, 461544, 462274, 475160, 478951, 478951/20261, 478951/20263, 478951/20268, 478023, 483011, 487412, 489688, 490897.

Ital.P. 408/11, 448/246, 453/150, 255/320.

Schwz.P. 63584, 63585, 63057, 63526, 67113, 68001, 78274.

Belg.P. 241250, 246250, 246251, 241251, 241252.

40. **Esselen Shampscott & Mork**: U.S.P. 1275884 (1918). Celluloseacetate mit einer faserigen Struktur werden mit einer Essigsäurelösung behandelt, die einen Katalysator enthält, bis der gewöhnliche Löslichkeitsgrad erreicht ist.

41. **Rupert Mainz & Mombach**: U.S.P. 1236119 (1918). Cellulose wird mit Essigsäure und Essigsäureanhydrid in Gegenwart eines Leichtmetallchlorides (als Katalysator) unter 20^0 C behandelt.

42. **Stevenson**: E.P. 130029 (1917), brauchte als Ausgangsmaterial gebleichte Sulfitcellulose und behandelte einen Teil bei 60—70^0 C während 7—8 Stunden mit dem folgenden Gemisch von 2,8 Teilen Eisessig, 4 Teilen Essigsäureanhydrid und 0,2 Teilen Zinkchlorid.

43. **Radcliffe & Barnett**: E.P. 131357 (1918), befaßt sich mit einer Methode, um die Acetylierung bei einem bestimmten Grad abzubrechen.

44. **H. A. Levey**: U.S.P. 1330543 (1920). Cellulose wird zuerst mit einer mit Chlor gesättigten Essigsäure behandelt, dann die Säure ausgepreßt, die Masse bei 55—70^0 C in einem Gemisch von Essigsäure und Zinkchlorid erwärmt und nachher wieder mit Chloressigsäuren während 12—36 Stunden bei 50—70^0 C behandelt.

45. J. O. Zdanowich: E.P. 139232 (1918), vgl. E.P. 220531 (1922). Hier wurde an Stelle der Schwefelsäure Mono-, Di- oder Trichloressigsäure verwendet.
46. M. E. Putham: U.S.P. 1396878 (1922). Cellulose wird mit einem Überschuß von Essigsäureanhydrid acetyliert und das entstehende Produkt verseift.
47. Stevenson: U.S.P. 1441541 (1923), vgl. E.P. 130029 (1917). Das aus Sulfitcellulose hergestellte Acetat läßt sich leichter färben als solche aus Baumwolle.
48. J. O. Zdanovich: U.S.P. 1445382, E.P. 190732, vgl. E.P. 138232. Die Acetylierung wird in 2 Stufen ausgeführt, zuerst mit einem schwachen und dann mit einem stärkeren Kondensationsmittel. Als Ausgangsmaterial wird Baumwollepapier verwendet.
49. J. O. Zdanowich: E.P. 200186 (1922), fand, daß Aldehyde wirksam sind als Stabilierungsmittel für Celluloseacetatlösungen. Andere solche Mittel, wie z. B. Formaldehyd(gas) und Tetrachlorothan, sind von gleicher Wirkung.
50. J. O. Zdanowich: E.P. 203559 (1922), vgl. U.S.P. 1445868.
51. J. O. Zdanowich: E.P. 196641. Die Darstellung der Acetatfilme.
52. J. M. Kessler & V. B. Sease: U.S.P. 1466401 (1923), fand neue Methoden für die Vorbehandlung der Cellulose.
53. Plausons (Parent Co. Ltd.): E.P. 183908 (1921), brauchte als Ausgangsmaterial Cellulose in Form von Kolloidallösungen.
54. J. O. Zdanowich: U.S.P. 1457131 (1923), führte die Veresterung in 2 Stufen durch. Erstens brauchte er ein schwaches Kondensationsmittel und nachher konzentr. Schwefelsäure (bis 2 vH).
55. W. Nebel: U.S.P. 1478137 (1923). In diesem Fall ist die Cellulose mit einer verdünnten Salzsäurelösung vorbehandelt und nachher acetyliert in Gegenwart von Zinkchlorid.
56. L. A. Levy: E.P. 213631 (1924). Cellulosetriacetat wird verseift durch Behandlung mit einem Gemisch von Essigsäure und Wasser (1:1) bei 35—40° C. Verdünnte Salpetersäure ist gleich wirksam.
57. L. A. Levy: E.P. 226309 (1924). Der Acetylierungsprozeß ist nach der gewöhnlichen Methode ausgeführt, aber an Stelle des Eisessigs wird Äthylformat (oder andere Verdünnungsmittel mit Siedepunkt unter 60° C) verwendet.
58. J. O. Zdanowich: E.P. 227134 (1924). Dieses Verfahren ist insofern interessant, weil andere Substanzen, wie wässerige Methyl- und Äthylalkohol, Lacticsäure und Chloralhydrat (in Mengen von $^1/_2$—3 Teilen auf Cellulose berechnet) als Stabilisierungsmittel verwendet werden. Die gebräuchliche Temperatur schwankt zwischen 16 und 25° C.
59. P. C. Steel (E. Kodak & Co.): U.S.P. 1536311, hat während der Darstellung des Celluloseacetates ein intermediäres Produkt isoliert. Vgl. U.S.P. 1494816.
60. P. C. Steel: U.S.P. 1544944. Als Ausgangsmaterial wird Cellulose in feuchtem und breiigem Zustand verwendet.
61. V. B. Sease: U.S.P. 1546679. Feuchte Cellulose wird als Ausgangsmaterial gebraucht und die Veresterung in 2 Stufen durchgeführt.
62. Keloid & Co. (nach D. A. Nightingale): E.P. 237591. Hier wird Cellulose oder Hydrocellulose zuerst mit Keton behandelt.

Als Methoden zur Wiedergewinnung der wertvollen Essigsäure nach der Acetylierung kommen die folgenden in Betracht:
63. J. M. Kessler: U.S.P. 1546902.
64. E. S. Farrow (E. Kodak & Co.): U.S.P. 1536334.
65. R. W. Webb (E. Kodak & Co.): U.S.P. 1514274, 1516225.
66. R. W. Cook: U.S.P. 1494830.
67. P. C. Steel: U.S.P. 1494816.

Interessant sind die Methoden, nach welchen die Celluloseacetate hergestellt werden, ohne die ursprüngliche Faserstruktur der Baumwolle zu zerstören. Die wichtigsten sind:
68. B. A. S. F.: D.R.P. 184201 (1904), F.P. 347906. Der Acetylierungsprozeß wird in Gegenwart eines indifferenten Nichtlösungsmittels (z. B. Benzol) ausgeführt. Siehe auch Cross & Briggs: D.R.P. 224330, und Mork: U.S.P. 854374 (1907).
69. Monnet: D.R.P. 258879 (1910), benützte die Einwirkung von Essigsäureanhydrid in Dampfform auf die mit Säuren behandelte Cellulose. Vgl. Soc. Chim. des Usines du Rhône: E.P. 25893 (1911).
70. Debauge & Cie.: F.P. 450886, brauchte Benzol als Verdünnungsmittel.
71. Lindsay: U.S.P. 1236579, 1236578, 1265216, 1338661. Als Verdünnungsmittel wird wiederum Benzol verwendet, aber diesmal in Gegenwart von Zinkchlorid als Katalysator.
72. H. P. Bassett: U.S.P. 1466329 (1923), hat herausgefunden, daß Toluol als Verdünnungsmittel gleich wirksam ist wie Benzol. Siehe auch Lederer: E.P. 3103 (1907).

Acetate, welche Stickstoff (Nitrogruppen) enthalten, entstehen nach folgenden Verfahren:
73. Lederer: D.R.P. 179947 (1905), 200149 (1906), durch Acetylierung von Nitrocellulose.
74. A. G. F. A.: F.P. 449253 (1912). Stickstoffhaltige acetonlösliche Acetate werden gebildet von Cellulosederivaten, die Stickstoff enthalten, aber unlöslich in Eisessig sind.

Abscheidung der Celluloseacetate.

Gewöhnlich wird Wasser als Fällungsbad verwendet, andere brauchbare Aufhebungsmittel enthalten folgende Patente:
75. Boesch: U.S.P. 708457 (1902), hat eine Fällung in Kohlenwasserstoffen, wie Benzol, Naphtha und Petroleum, vorgeschlagen.
76. Soc. Debauge: F.P. 450886 (1912), hat auch substituierten Kohlenwasserstoff, speziell Tetrachlorwasserstoff, als zweckmäßig gefunden. Vgl. Dreyfus: F.Zus.P. 15894 (1912) und Lederer: D.R.P. 185151 (1905).
77. Fürst Guido Donnersmarcksche Kunstseide- und Acetatwerke: D.R.P. 242289 (1910), hat die Ausfällung mit Äthyläther ausgeführt. In diesem Fall erhält man ein besonders stabiles Produkt.
78. Knoll & Co.: D.R.P. 196730 (1906), 201910 (1907), 255704 (1911), sowie Lederer: E.P. 26502 (1906), suchte die Lösung der Acetate vor ihrer Verarbeitung zu bewirken mit einem Zusatz von Basen und basischen Salzen, um dadurch die Säurewirkung aufzuheben.

79. **Internat. Celluloseester-Gesellschaft:** D.R.P 260984. Hier ist die Primärlösung vorerst mit einem Nichtlösungsmittel (z. B. Aceton) verdünnt, um nachher durch salzbindende Basen neutralisiert zu werden.

Eigenschaften der Celluloseacetate.
Lösung der Celluloseacetate.

80. **Lederer:** D.R.P. 175379, hat Acetylentetrachlorid, entweder allein oder unter Zusatz geringer Mengen Alkohol als sehr brauchbares Lösungsmittel gefunden.
81. **Walker:** U.S.P. 103518 (1905), vgl. Soc. **Debauge:** F.P. 418342 (1910), hat nochmals Acetylentetrachlorid vorgeschlagen, entweder gemischt mit ganz geringen Mengen von Nichtlösungsmitteln oder kombiniert mit Pyridin und Hexachloräthan.
82. **Koller:** E.P. 4744 (1911), hat statt Acetylentetrachlorid eine Mischung von Phenol mit Trichloräthyl oder Perchloräthyl verwendet.

Andere in folgenden Patenten vorgeschlagene Lösungsmittel sind wegen ihres hohen Preises unbeachtet geblieben:
83. **Fischer:** D.R.P. 201907 (1907). Nitromethan.
84. **Doerfflinger:** D.R.P. 246967 (1910). Diacetonalkohol.
85. **Lindsay:** U.S.P 1027614, 1027615, 1024486 (1912). Salzsäureester, Äthylenchlorhydrin, Äthylenacetonchlorhydrin, Acetodichlorhydrin und Acetochlorhydrin.
86. **B. A. S. F.:** D.R.P. 251351 (1911), 255692 (1912), hat esterhydrierte Phenole und Cyclopenatole vorgeschlagen, die aber für Acetylcellulose ein viel geringeres Lösungsvermögen besitzen als für Nitrocellulose.
87. **Mork:** U.S.P. 972464 (1910), hat gleichzeitig mit **Wuhl:** D.R.P. 246651 (1910), herausgefunden, daß als Lösungsmittel für acetonlösliche Celluloseacetate die Ameisensäureester brauchbar sind.
88. **Eichengrün:** D.R.P. 254385 (1909) zeigte, daß eine Anzahl von Flüssigkeiten, welche in der Kälte die acetonlöslichen Celluloseacetate nicht lösen, in Mischung miteinander bei verschiedenen Temperaturen lösend wirken. So z. B. Mischungen der Nichtlösungsmittel Alkohol und Benzol, Alkohol und Wasser in der Wärme, Alkohol und Dichloräthylen, Alkohol und Acetylentetrachlorid. Vgl. auch:
89. **Reeser:** F.P. 411126 (1909).
90. **Lindsay:** U.S.P. 1027616, 1041112 (1912), sowie **Eastman-Kodak:** F.P. 408396 (1909), und später **Bayer:** F.P. 417250 (1910).
91. **F. P. Eichengrüen:** F.P. 412797 (1909).
92. **Leduc Heitz & Co.:** F.P. 429788.
93. **Mork:** U.S.P. 103782 (1912).

Zusammenfassung der Literatur.
Zeitschriften.

Schuetzenberger: C. r., **61**, 484 (1865).
Franchimont: B., **12**, 2059, (1879); **14**, 1920 (1881).
Schraup: B., **32**, 2413 (1899).

Schraup: B., **32**, 2413 (1899); **34**, 1115 (1901).
Cross, C. F., & Bevan, E. J.: Fabrikation von Cellulose-Acetaten. J. Soc. Chem. Ind. (Amer.), **14**, 435, 447, 987 (1895).
Weber, K. O. Über Neuerungen in der Celluloseindustrie. Z. angew. Chem., **12**, 5 (1899).
Franchimont, A. P. N.: Die Einwirkung von Essigsäureanhydrid mit Zusatz von Schwefelsäure auf die Cellulose. B., **18**, 472, (1899).
Vignon, L., & Gerin, F.: Acetylderivate der Cellulose und Oxycellulose. C. r., **131**, 588 (1900).
Valenta, E.: Cellulosetetracetat als Ersatz für Kollodiumwolle bei Bereitung von Chlorcitratemulsionen. Photogr. Korrespondenz, 1901, Sept.; Chem. Zentralblatt 1901, **2**, 40.
Cross, C. F., & Bevan, E. J.: Über die Essig-Schwefelsäureester der Cellulose. Z. f. Farben- u. Textil-Chemie, **3**, 197 (1904).
Green, A. G.: Über die Konstitution der Cellulose-Existenz der Tetraacetylcellulose. Z. f. Farben- u. Textil-Chemie, **3**, 97, 309 (1904).
Straub & Geinsberger: Chloracetylcellulose, Zellobioseacetat. M., **26**, 1415 (1905).
Cross, C. F., & Bevan, E. J., mit Troquair, J.: Die niederen Acetylderivate von Stärke und Cellulose. Chem.-Zg., **29**, 527 (1905).
Beltz: Celluloseester der Fettsäuren. Rev. g. Ch. p. et appl., **9**, 421 (1906).
Doht: Neuerere Arbeiten über Acetylcellulose. Z. angew. Chem., **20**, 143 (1907).
Eichengrün: Acetylcellulose und ihre technische Bedeutung. Z. angew. Chem., **23**, 922 (1907). Neues auf dem Gebiete der Acetylcellulose. Z. angew. Chem., **24**, 366 (1911). Geschichtliches über Celluloseacetate in anderer Beleuchtung. — Zur Kenntnis der neueren Acetatseide. Chem.-Zg., **34**, 347 (1910).
Schwalbe: Die Acetylierung der Baumwoll-Cellulose. Z. angew. Chem., **23**, 433 (1910).
Ost, H.: Geschichtliches über Celluloseacetate. Z. angew. Chem., **24**, 1304 (1911).
Fischer, E. J.: Celluloseacetat und andere organische Säureester der Cellulose. Kunstst., 1912, **21**, 48.
Ost, H., u. Katayama, F.: Vergleichende Acetylierung von Cellulose, Hydrocellulose und alkalisierter Cellulose. Kunstst., **21**, 311 (1912).
Gutsche, J.: Zur Kenntnis katalytischer Wirkungen bei der Acetylierung von Stärke und Cellulose mit Essigsäureanhydrid. Kunstst., 1912, **21**, 371.
Main: Das Acetylieren der Cellulosen. Rev. scient., 1912, 883.
Koevenagel: Celluloseacetat. Z. angew. Chem., **27**, 505 (1914).
Boeseken: Die Acetylierung der Cellulose. Rec. tran. Chim., **35**, 320, 1916.
Ost, H.: Celluloseacetate. Z. angew. Chem., 1919, **32**, 66—70, 76—79, 82—89.
Fenton & Berry: Celluloseacetat. Proc. Camb. Phil. Soc. 1920, **20**, 16—22.
Barnett: Eine neue Darstellungsmethode für Celluloseacetat. J. Soc. Chem. Ind. (Eng.) T. 1921, 8.
Haegglund, Loefmann u. Faerber: Zell. Chem., 1922, **3**, 13—19.

Kita, G., Asami, K., & Kato, J.: Celluloseacetat. Z. angew. Chem., 1924, **37**, 414—418.

Caille, A.: Die Darstellung der Celluloseacetate. Chim. et Ind. 1924, **12**, 441.

Alsuki, K.: Die Darstellung des Cellulose-Acetonitrate. J. Soc. Eng. (Tokio), 1925, **15**, 309—316.

Hess, K., & Schultze, G.: Über krystallisierte Acetylcellulose. Die Naturwissensch., **13**, 49.

Hess, K., Messmer, E., und Ljubitsch, N.: Zur Charakterisierung von Cellulosepräparaten. A. d. Chem., 1925, **444**, 287—327.

Hess, K., und Schultze, G., mit Messmer, E.: Über krystallisierte Acetylcellulosen. II. A. d. Chem., 1925, **444**, 266—287.

Hess, K., u. Schultze, G.: Über das kryoskopische Verhalten krystallisierter Acetylcellulosen. A. d. Chem., 1926, **448**, 99—120.

Huebner, J.: Étude sur les récents progrès effectués dans les industries de la soie artificielle. Moniteur Scientifique, 1926, 7—8, 158; **12**, 249.

Bücher.

Cross & Bevan: Researches on Cellulose, 1895—1900, 1900 bis 1905, 1905—1910 u. 1910—1921. London: Longmans.

Cross & Bevan: Cellulose. London 1903.

Hölken: Die Kunstseide auf dem Weltmarkt. Berlin: Julius Springer. 1926.

Hottenroth: Die Kunstseide. Leipzig 1926.

Piest: Die Cellulose. Stuttgart 1910.

MIX
Papier aus verantwortungsvollen Quellen
Paper from responsible sources
FSC® C105338

If you have any concerns about our products,
you can contact us on
ProductSafety@springernature.com

In case Publisher is established outside the EU,
the EU authorized representative is:
**Springer Nature Customer Service Center GmbH
Europaplatz 3, 69115 Heidelberg, Germany**

Printed by Libri Plureos GmbH
in Hamburg, Germany